KB059652

인공지능과 뇌는
어떻게 생각하는가

인공지능과 뇌는 어떻게 생각하는가

How AI and the Brain work

이상완 지음

지극히
주관적인

그래서 더욱
객관적인

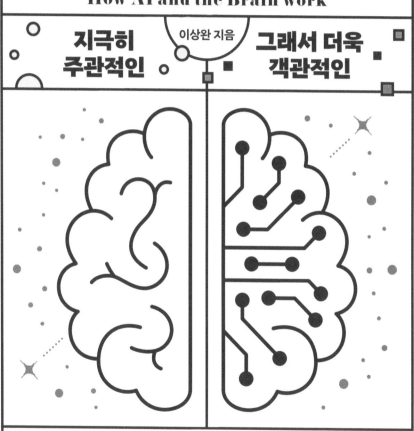

삶과 앎의 여정을 함께하는 가족에게
깊은 사랑과 감사를 전합니다

책을 펴내며

　인간에게는 아는 사실Known knowns과 모르는 사실Known unknowns을 구분할 수 있는 능력이 있습니다. 이를 인지에 대한 인지, 메타인지라 합니다. 우리는 메타인지 능력을 이용해 아는 문제는 빠르게 지나가고, 잘 모르는 문제에만 집중해 효율적으로 지식을 쌓을 수 있습니다. 그러나 메타인지의 이면에는 내가 '모르는 사실이 존재한다는 것조차 모를 가능성'이 있습니다.

　내가 아는 사실이 정말로 아는 사실일까요? 아직 제대로 이해하지 못했기 때문에 알고 있다고 착각한 것이라면요?

　이 책은 아는 사실, 모르는 사실, 그리고 내가 아직 모른다는 사실조차 모르는 경우Unknown unknowns로 나뉘는 삼분법적 지식 체계를 의심하는 지극히 주관적인 생각에서 출발합니다. 아는 사실(머리)과 모르는 사실(몸통), 모른다는 사실조차 모르는 문제(꼬리)로 나뉘는 삼분법적 사고는 3단계로 이어지며 깊어집니다.

　여기서 머리와 꼬리의 질문을 이어 '내가 안다고 생각하는 사실

이, 알고 있다고 착각하는 것이 아닐까?'하는 의문을 가진다면 꼬리에 꼬리를 물며 다시 원래의 질문으로 되돌아오게 됩니다. 시작과 끝이 반복되는 이러한 재귀적 사고의 깊이는 무한합니다.

'아는 사실'—'모르는 사실'—'모른다는 사실조차 몰랐던 문제'로 만들어진 재귀적 사고를 인공지능에 대입해보겠습니다. 인공지능은 수학적·공학적인 관점에서 명확하게 정의된 이론과 알고리즘입니다. 완성형에 가까운 기술들은 대부분 아는 사실로 분류되고, 딥러닝과 같이 성장기에 있는 기술들은 종종 모르는 사실로 분류됩니다. 그럼 인공지능에서 우리가 모른다는 사실조차 몰랐던 문제는 어떻게 찾아낼 수 있을까요?

뇌과학의 돋보기로 이 두 부류의 인공지능을 찬찬히 들여다보면, 우리가 모른다는 사실조차 몰랐던 문제들이 조금씩 보이기 시작합니다. 인지의 사각지대에 있던 문제가 모습을 드러내며 우리의 인지 영역으로 발을 들여놓습니다.

문제를 풀기 위해 공학과 과학이 해결사로 등장합니다. 공학의 무기는 문제를 형식화하고 해결책을 찾는 능력입니다. 과학의 무기는 문제를 발굴하고 가설을 검증하는 능력입니다. 공학이 풀어내는 인공지능을 뇌과학의 눈으로 읽어보며 숨겨진 문제를 찾아낼 수 있고, 뇌과학이 찾아낸 인간지능에 대한 문제를 공학으로 풀어보며 그 원리와 이유를 깨닫게 됩니다. 조각을 하나씩 옮기는 과정에서 '인공지능'의 '인공'이라는 글자는 조금씩 희미해지고, 어느덧 '지능'이란 글자만 남게 됩니다. 그리고 인간지능과 인공지능의 구분은 무의미해집니다. 이 책은 인공지능과 인간지능에 대해 우리가 모른다는 사실조차 몰랐던 것들을 하나씩 앎의 영역으로 옮기는 첫 번째 이야기입니다.

지능이라는 관점에서 우리가 모른다는 사실조차 몰랐던 것은 무엇일까요? 바로 우리가 당연하다고 여겨왔던 일상에 있습니다. 예를 들면 사물과 상황을 인식하고 목표를 이루기 위한 과정은 책을 읽고 있는 지금 이 순간에도 우리의 머릿속에서 진행되고 있습니다. 우리에게는 너무나도 쉽고 당연해서 한번도 생각해 보지 않았던 우리의 생각의 흐름은, 갓 태어난 인공지능에게는 하나하나가 너무나 어려운 문제들입니다. 철학자 칼 포퍼의 말처럼 우리의 삶은 문제 해결의 연속입니다.

이렇게 인공지능이 시행착오 속에서 지능을 만들어가는 과정은 인공지능에 대한 지극히 주관적인 접근으로 지능에 대한 가장 객관적인 통찰을 얻는 과정이기도 합니다. 이를 통해 인공지능과 인간이 생각하는 방식을 새롭게 들여다보고, 인간에 대해 더 깊이 이해할 수 있는 기회가 되기를 바랍니다.

2022년 8월
이상완

차례

일러두기

1. 이 책은 지능이라는 주제를 포괄적으로 다루기보다는, 새로운 지식을 습득하고 변화에 적응하는 능력을 일컫는 '학습'이라는 주제에 집중합니다. 인간의 지능에는 언어, 정서, 사회성 등과 같이 섬세하게 다뤄야 할 주제가 많은데, 이 책은 그 확장을 위한 준비 과정입니다.

2. 각 글 마지막에 나오는 비밀노트는 뇌와 인공지능에 대한 심화된 지식을 다룹니다.

3. 이 책에 등장하는 캐릭터 '뉴로니'는 KAIST 바이오및뇌공학과 학부 학생회가 만든 캐릭터입니다. '뉴로니'는 우리 몸에서 일어나는 다양한 생명 활동의 기본 단위인 신경세포 '뉴런Neuron'에 접미사 '-이'를 붙여 만든 이름입니다.

프롤로그

인공지능은 인간처럼 생각하지 않는다

인공지능은 정말 인간처럼 생각할까

인공지능이 인간의 능력을 넘어섰다, 인공지능이 인간의 직업을 대체한다, 인공지능이 인간을 흉내 낸다, 인공지능이 인간과 교류한다, 이런 말이 주는 심리적 충격을 흡수할 겨를도 없이 인공지능 기술은 하루가 다르게 발전해, 어느덧 하나둘씩 당연한 것처럼 다가오기 시작하고, 심지어는 이러한 표현에 피로감을 느낄 정도가 되었습니다. 이는 인공지능을 우리 사회, 문화, 삶의 일부분으로 받아들이고 있음을 의미하는 것일지도 모릅니다.

최근 인공지능과 딥러닝을 소개하는 서적이나 재미난 블로그들이 많고, 좋은 온라인 강의들도 많아서 실제 응용을 위한 기술적 진입 장벽이 점차 줄어들고 있습니다. 인공지능 기술을 이해하고자 한다면 이렇게 수학이나 공학적인 도구를 이용해 '인공지능의 관점'에서 바라보는 것이 효율적인 전략입니다.

그러나 기술적인 관점에서 설계된 인공지능은 인간 삶의 구성원으로 자연스럽게 녹아들기 어렵습니다. 인간의 지능과 인공지능이 서로 다른 방식으로 형식화되어 있기 때문입니다. 로봇이 우리와 비슷하게 생겼다고 해서, AI 스피커가 사람처럼 말한다고 해서, 그것들이 우리처럼 생각할 거라는 생각은 착각입니다.

저는 KAIST 학생 시절 로봇을 매개체로 사람과 협업하는 인공지능을 공부하던 중, 우리가 최선이라고 생각하는 것이 과연 인공지능에게도 최선인가?라는 의구심을 가지게 되었습니다. 인간의 업무를 보조하는 인공지능이 공학적인 관점에서의 최선의 선택만을 수행하고 진정 우리가 원하는 부분은 채워주지 못하는 일은 얼마든지 생길 수 있습니다. 인공지능의 관점에서 볼 때 인간의 선택은 최선으로 보이지 않을 수도 있겠지만, 더 넓은 의미에서 최선의 선택일 수 있으며, 이는 인공지능의 공학적 가정에 기인한 근시안적인 시각으로는 보이지 않을 수 있습니다.

이제 인공지능이 인간처럼 생각할 것이라는 생각은 잠시 접어두고 무엇이 다른지를 생각해봅시다.

인공지능은 인간과 얼마나 다를까

저는 이후 10여 년간 인공지능과 인간이 어떻게 다른가? 하는 질문에 대한 답에 목말라했습니다. 인공지능 엔지니어는 뇌를 모르고, 뇌과학자는 인공지능을 모르니 답답할 노릇입니다. 그 답을 찾기 위해 박사학위를 받은 후 인공지능과 뇌가 세상을 보는 방법을 비교하는 연구를 했고, 이후 인공지능과 뇌가 경험으로부터 배우는 방식을 비교하는 연구를 했습니다. 외국어를 빨리 배우고자 모국어를 잠시 잊으면 어느 순간 두 언어 모두 더듬거리는 이상한 순간이 오는데, 필자도 이와 비슷하게 인공지능도, 인간의 뇌도 알 듯 모를 듯한 깜깜이 시절을 겪었습니다.

과연 인공지능과 인간의 뇌는 얼마나 다를까요? 현재의 제 대답은 "1%의 겉은 같아 보이지만 99%의 속은 다르다."입니다. (우리는 우리의 뇌를 조금씩 알아가는 중이므로 여러분이 책을 읽는 이 순간에는 숫자가 달라질 수 있습니다.) 일부 딥러닝 모델들이 뇌를 닮았다는 해석도 있습니다만, 동상이몽이라는 말이 있듯이 겉모습이나 행동이 비슷하다고 해서 반드시 같은 생각을 하는 것은 아닙니다.

인공지능과 인간의 뇌가 얼마나 어떻게 다른지를 이해하고 나면, 두 사고 체계의 닮은 부분과 다른 부분을 각각 우리 입맛에 맞게 이용할 수 있습니다. 뇌를 닮은 인공지능은 마치 우리를 이해하듯이 자연스럽게 도움을 줄 수 있을 테고, 반대로 뇌와 다르게 생각하는 인공지능은 우리가 미처 생각하지 못한 새로운 해결책을 찾아낼 수 있을 것입니다. 인간과 인공지능을 일자리 경쟁 구도로 놓고 본다면 둘 사이는 한없이 멀어질 수 있지만, 반대로 닮은 부분과 다른 부분을 이해한다면 서로에게 좋은 영향을 줄 수 있는 선순환 관계가 될 수 있습니다. 그래서 인공지능과 뇌는 닮으면 닮은 대로, 다르면 다른 그대로 좋습니다.

이렇게 인공지능과 인간의 선순환으로부터 탄생하는 멋진 기술들을 누리는 것도 즐거운 일이지만, 인공지능과 뇌의 다름을 이해하는 과정 자체는 더욱 즐겁습니다. 이 과정 속에서 인간의 지능 속에 숨겨진 보석 같은 비밀들을 발견할 수 있기 때문입니다.

마치 애증 관계와 같은 인공지능과 뇌의 다름을 이해하는 것은, 결국 우리 자신을 좀 더 깊게 이해하기 위한 여정입니다.

앞뒤가 맞다고 제대로 이해한 것일까

다르다는 사실을 받아들이고 나면, 무엇이 다른지를 이해하는 과정이 시작됩니다. 인공지능과 뇌는 서로 다른 공간에 사는 두 존재여서, 비슷한 생각의 틀 안에서 서로를 이해해나가는 모습을 상상하면 많은 것들을 놓치게 됩니다. 강아지가 웃는 듯한 표정을 지었다고 해서 '아하, 지금 저 강아지는 행복하구나.'라고 해석하는 것은 우리만의 판단입니다. 무섭게 짖는 강아지를 보고 '지금 저 강아지는 화가 났다.'라고 해석하는 것도 마찬가지입니다. 내가 강아지를 이해했다는 것은 인간 세상의 잣대로 강아지를 '해석'한 것이지, 실제 강아지의 관점에서 강아지의 생각을 '이해'한 것은 아닙니다. 마찬가지로 인공지능과 뇌를 비교할 때, 컨벌루셔널 인공 신경망과 대뇌피질의 일부 구조가 비슷하다고 해서 '인공지능이 뇌를 흉내낸다.', '우리의 뇌는 인공지능과 비슷하다.'라고 하는 것은 성급한 결론입니다. 앞뒤가 너무 잘 맞아 들어가면 스스로를 의심해야 합니다.

저는 "내가 만들지 못한 것은 이해하지 못한 것이다."라는 리처드 파인만의 말을 좋아하지만, 인공지능과 뇌를 비교하는 상황에서는 이 말에 100% 동의할 수 없습니다. '앞뒤가 잘 맞으면 아직 제대로 이해하지 못한 것'이라 생각합니다. 퍼즐 조각처럼 잘 들어맞는다는 것은 내가 어떤 생각의 틀 안에 갇혀 있다는 반증입니다. 앞뒤가 잘 맞을 때 불편함을 느끼고 생각 상자의 밖에서 봐야 합니다.

그래서 이 책 『인공지능과 뇌는 어떻게 생각하는가』의 각 장은 먼저 기존의 사고 체계 안에서 앞뒤가 맞지 않는 모순적인 상황에서 출발합니다.

느린 생각으로 빠른 생각을 이해해보자

각 장에서는 먼저 인공지능과 뇌에게 앞뒤가 잘 맞지 않는 문제를 보여주고, 여러 번의 시행착오를 거치면서 이 문제를 해결해나가는 고통스러운 과정을 천천히 따라갑니다. 그래서 무엇이 다르다는 것인지 결론부터 이야기하지 않습니다. 이렇게 느리게 가는 이유는 다음과 같습니다.

과학기술이 급속히 발전하고 있는 이 시대는 주어진 문제 해결에 필요한 규칙을 찾아내고 실행하는 '빠른 생각'의 능력이 중요합니다. 이는 한편으로 생각해보면 과연 우리가 어떤 문제를 풀고 있는지, 왜 잘되는지를 이해할 '느린 생각'의 여유가 허락되지 않는 시대라고 볼 수 있습니다. 빠른 생각은 빠르게 문제를 해결하기 위해 꼭 필요하지만, 어떻게 문제를 해결하는지를 이해하기 위해서는 그보다 속도가 느린 생각이 필요합니다.

우리가 배고픔이라는 문제를 해결하기 위해 밥을 먹는 경우를 생각해봅시다. 우리는 무의식 중에 팔과 손을 동시에 빠르게 움직입니다. 그런데 어떻게 이 문제를 해결하는지 이해하고자 한다면 밥 먹는 동작을 슬로모션으로 봐야 합니다. 손으로 수저를 쥐고, 밥그릇을 향해 팔을 안쪽으로 구부리고, 수저로 밥을 뜨고, 입으로 가져가면서 시간 절약을 위해 입을 벌리고, 씹으면서 수저를 내려놓고 반찬을 위해 젓가락을 집는 등의 일련의 과정을 따라가려면 느린 생각이 필요합니다.

그래서 이 책의 각 장 중반부는 인공지능과 뇌가 시행착오를 거치면서 문제의 핵심을 찾아나가는 느린 생각, '해체'의 과정을 이야기합니다. 이는 모순을 포용할 수 있도록 사고 체계를 확장하는 과정입니다.

확장된 사고 체계 속에서는 모순적인 상황들이 자연스레 해소될 수 있습니다. 인공지능과 뇌는 이렇게 해체라는 과정을 통해 조금씩 퍼즐 조각들을 맞춰가기 시작하고, 결국에는 문제를 멋지게 풀어내는 경험을 하게 됩니다. 이 책의 각 장이 끝날 무렵에는 해피 엔딩을 예감할 수 있을 것입니다.

그렇다면 이 책에서는 구체적으로 어떤 문제들을 풀고자 하는 것일까요? 인공지능과 뇌가 가진 불가사의한 생각의 기술, 일곱 가지 예고편입니다.

인공지능이 탄생하다 갓 태어난 인공지능은 무한한 세상의 스케일에 한번 놀라고, 이를 유한한 공간으로 압축해야 한다는 사실에 또 한번 놀랍니다. 인공지능이 살아남기 위해서는 세상의 다양성 속에 숨겨진 본질을 찾아내야 합니다. 인공 신경망은 개념의 추상화를 통해 이 문제에 대한 감을 잡고, 실수를 깨닫는 순간 생각의 흐름을 거슬러 올라가 개념을 고쳐잡는 기술을 터득합니다.

단순함을 추구하다 이제 눈앞의 성공을 예감한 인공지능은 무한한 성장을 꿈꾸지만, 안타깝게도 성장을 하면 할수록 실수가 늘어납니다. 고민에 빠진 인공지능은 야망을 잠시 접어두고 버림의 미학, 단순함을 추구합니다. 그 결과 인공지능은 현재의 실패를 미래의 성공으로 환전하는 지혜를 얻게 됩니다.

개념을 추상화하다 생존을 위한 최소한의 능력을 갖춘 인공지능은 이제 디테일에 집착하기 시작합니다. 세상의 작은 변화에 민감하고 싶고, 세상의 텃세에 둔감하고 싶어합니다. 무리수일까요? 세상의 소리에 편견 없이 귀 기울이는 새로운 생각의 기술을 터득한 인공 신경망은 드디어 이 문제를 해결할 수 있는 방법을 찾아냅니다. 성공을 위해 단순함을 추구해야만 했던 운명적 한계에서 자유로워진 인공지능은 바야흐로 무한한 성장을 꿈꾸게 되는데, 그 결과 인간처럼 전체를 볼 수 있는 능력을 얻게 됩니다. 이는 딥러닝의 1차 부흥기에 해당합니다.

개념을 구체화하다 무섭게 성장하던 인공지능에게 질풍노도의 순간이 찾아옵니다. 개념의 추상화를 통해 복잡한 세상을 이해한 것 같지만, 배운 것들을 구체적으로 표현해야 하는 순간이 되니 여전히 어수룩한 면이 있음을 깨달아 자존심이 상합니다. 이리저리 고민하던 인공지능은 개념의 추상화에 이어 개념의 구체화를 해야 한다는 고정관념을 버리고, 개념의 구체화 과정을 통해 개념의 추상화에 깊이를 더해가는 역발상의 꾀를 냅니다. 인공지능은 이렇게 짧지만 강렬했던 성장통을 교훈 삼아 2차 부흥기를 맞이하게 됩니다.

유동적 기억을 만들다 강력해진 딥러닝을 등에 업은 인공지능은 '공간'을 벗어나 조금씩 '시간' 속으로 나아갑니다. 중요한 사건들을 딱딱하게 굳혀 오랫동안 기억하고 싶지만, 한편으로는 빠르게 변화하는 세상에 맞춰 말랑말랑한 기억도 필요합니다. 불행히도 말랑말랑한 기억은 오래가지 못하고 쉽게 녹아내립니다. 인공지능은 실망하지 않고, 중요한 사건들만 선택적으로 기억하고 나머지는 내려놓는 법을 배워갑니다. 마침내 인공지능은 시간 속에서 벌어지는 사건들을 공간 속에 가두는 요령을 터득합니다.

공간과 시간을 함께 생각하다 공간과 시간의 문제에 대해 자신감이 생긴 인공지능은 이제 옆자리에서 묵묵히 걷는 뇌가 신경 쓰이기 시작합니다. 인공지능 가문의 자랑거리인 딥러닝이 즐겨 사용하는 지도 학습이라는 기술은 사실 뇌의 관점에서는 치트키를 쓰는 것과 같습니다. 인공지능은 자신의 부족함을 인정하고, 뇌의 신경세포들이 나누는 이야기에 귀 기울이기 시작합니다. 그리고 인공지능은, 신경세포의 생각이 밥 한 톨보다 작은 에너지만으로 만들어지고, 생각의 흐름은 시간과 공간을 자유롭게 넘나들뿐더러 인공지능처럼 번잡하지 않고 고요하며, 자신이 생각했던 것보다 훨씬 넓고 깊다는 것을 깨닫기 시작합니다.

스스로 문제를 해결해나가다 그 와중에 인공지능 가문에서 즐거운 소식이 들립니다. 벨만 방정식과 딥러닝 사이에서 태어난 알파고를 시작으로 문제를 잘 풀어내는 재능 있는 어린이들이 하나둘씩 늘어납니다. 인공지능은 이 어린이들을 실제 세상으로 내보내기 시작합니다. 그런데 이 어린이들은 눈앞의 결과에 집착한 나머지, 현실 세계에서 흔히 벌어지는 목적이나 상황 변화에 기민하게 대응하지 못하는 딜레마에 빠집니다. 그래서 인공지능은 이 문제를 아주 쉽게 풀고 있는 뇌에게 찾아갑니다. 그리고 뇌의 방법을 응용해 몇 걸음 물러나서 크게 생각하는 법을 배웁니다. 이제는 세상의 문제들이 뇌가 보는 것과 비슷하게 보이기 시작하고, 미래를 내다보고 과거를 바꾼다는 말을 조금은 이해할 것만 같습니다.

인공지능을 이해하면 비로소 인간지능의 본질이 보인다

이 책은 인공지능과 뇌가 비록 출발은 다르지만 어려움을 헤쳐 나가면서 조금씩 손잡아 가는 일곱 가지 이야기를 다룹니다. 그 속에서 다음과 같은 질문에 대한 여러분만의 답을 찾아가시기를 바랍니다.

- 우리에게는 너무나 어려운 문제들, 인공지능은 어떻게 풀어내는가?
- 우리에게는 너무나 쉬운 문제들, 인공지능은 왜 못 풀어내는가?
- 인공지능에 대해 막연하게 가졌던 두려움의 실제 모습은?
- 인공지능 관점에서 보는 인간지능이란?

인공지능과 뇌가 가진 생각의 기술을 우리가 가진 사고의 틀에 맞춰 체계적으로 풀어 쓰고 나면, 그 틀을 이용해서 인간의 지능이 가진 깊이를 잴 수 있을 것입니다. 저의 개인적인 바람은 이 사건이 우리 세대가 지나기 전에 벌어지는 것입니다.

느리고 불편하지만 그래서 더욱 짜릿한 여정, 함께 떠나봅시다!

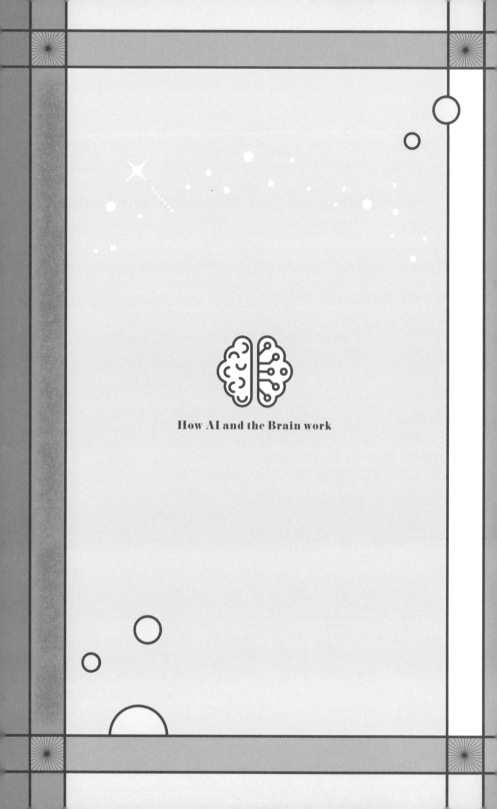

How AI and the Brain work

무한한 세상을
유한한 공간에 담다

추상적 개념을 만들어내는 생각의 기술

○ ■ ●

　인공지능이 태어나서 가장 먼저 할 일은 세상을 이해하는 것입니다. 그런데 갓 태어난 작은 인공지능에게 세상은 너무나 넓습니다. 넓디넓은 세상, 다양한 경험으로부터 인공지능의 작은 머리가 이해할 수 있을 정도의 단순한 개념을 만들어내야 합니다.

　첫 장에서는 얕은 인공 신경망이라 불리우는 초기 인공지능이 개념을 추상화하는 방식을 이해해보려 합니다. 인공지능은 현실 세계의 특징들을 적절히 조합하고 필요 없는 것들을 버리는 과정을 통해 추상적 개념을 만들어냅니다. 이 과정은 우리에게는 아주 쉬운 일이지만 갓 태어난 인공 신경망에게는 정말 까다로운 문제입니다.

　무한한 현실 세계로부터 하나의 개념을 만들어내는 데 성공한 인공지능은 본질을 이해하는 데 한 걸음 나아간 것처럼 느낍니다. 그러다가 개념을 이해할 수 있도록 압축하기 위해 세상의 다양성을 버려야 하는 딜레마에 빠집니다. 인공 신경망은 이 문제를 해결하기 위해 세상의 다양한 특징들을 연관 지으며 점차 추상적 개념을 형성해갑니다.

　그런데, 추상적 개념이 세상의 다양성까지 껴안으려면 외부로부터 받아들이는 정보를 바탕으로 이미 형성된 개념을 수정하고 보완할 수 있어야 합니다. 인공 신경망은 현재 정보로부터 추상적 개념을 형성해나가는 '순방향Forward path'의 생각에 이어, 세상의 다양성을 잘 담아내기 위해 개념의 추상화 과정을 거꾸로 되돌리는 '역방향Backward path'의 생각을 만들어냅니다. 인공 신경망은 이렇게 순방향과 역방향의 생각을 반복하며 세상의 다양성을 조금씩 품어가고, 그 결과 추상적 개념을 만들어내는 데 성공합니다.

1

사과를 이해하기 위해 버리는 것들

사과는 어떻게 만들어지는가

우리 앞에 사과가 놓여 있다고 상상해봅시다. 인간은 약 0.02초면 눈으로 보는 것이 사과임을 알아챌 수 있습니다. 물론 시각 외에도 사과를 인식하는 방법은 다양합니다. 사과의 질감을 피부로 느낄 수도 있고, 맛볼 수도 있으며, 사과의 달큰한 향을 맡을 수도 있습니다. 다른 사람이 사과를 씹는 소리, 사과가 떨어져 깨지는 소리를 듣고 사과라 짐작할 수도 있고요.

"사과의 본질은 무엇인가?"라는 명확한 정의가 없어도, 감각의 입력이 제한되어 있어도, 우리는 사과임을 느끼고 '사과'라고 말할 수 있습니다. 어찌 보면 우리에게는 너무나 당연한 일인 것 같지만, 실제로는 다양한 감각기관을 거쳐 신경세포의 활성화 형태로 정보를 받아들이고, 뇌에서 종합적으로 판단하여 '사과'라는 단 하나의 추상적 개념을 만들어내는 복잡한 과정이 있습니다. 이렇게 세상

그림 1 연관 짓기 문제. 사과를 우리의 다양한 감각기관을 통해 관찰하고, 필요한 특징들에 주목하여 '사과'임을 인식합니다.

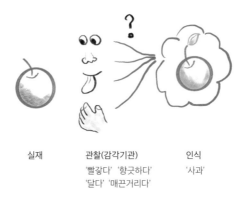

실재   관찰(감각기관)   인식
                '빨갛다' '향긋하다'   '사과'
                '달다' '매끈거리다'

에 존재하는 무한히 많은 물체들과 사건들을 하나의 개념으로 변환하는 과정, 이것을 인식Recognition의 문제라고 합니다.

우리가 인식하는 대상인 '사과'는 처음부터 그 자리에 있었던 것은 아닙니다. 자연 속에서 만들어진 것입니다. 사과의 씨앗이 땅에 떨어져 싹을 틔우고, 흙 속의 영양분을 흡수하여 나무로 자라 열매를 맺는 일련의 생태계 과정을 통해 만들어진 결과물로 볼 수 있습니다. 인식의 과정은 이 최종 결과물을 우리의 감각기관으로 관찰하여 그 속에 숨겨진 본질을 역으로 찾아간다는 뜻에서, 역문제 Inverse problem의 일종으로 볼 수 있습니다.

세상의 다양한 경험을 하나의 개념으로

역문제를 통해 사물의 본질에 다가가는 일련의 과정을 조금 더 자세히 살펴보겠습니다. 사과를 눈으로 보는 동안 인간의 시각피질은 시각신경세포를 통해 사과의 색을 보고, 사과의 크기를 가늠하고, 사과의 모양을 인식합니다. 색, 크기, 모양과 같은 여러 가지 특징들을 종합적으로 판단하여 '사과'라는 결론을 내립니다. 사과를 맛보는 동안 인간의 미각신경들은 신맛, 단맛, 짠맛 등의 정도를 종합하여 '사과'라는 결론을 내립니다. 물론 눈으로 보고 만져보고 맛보면서 느끼는 다양한 감각 정보들을 종합하면 더욱 확실하게 판단할 수 있을 것입니다. 이 과정에서 우리의 뇌는 자연스럽게 사과와 연관된 특징들에 주목하고, 인식에 도움이 되지 않는 디테일은 무시합니다. 그렇다면 어떤 특징들을 어떻게 연관 지어야 하나의 개념으로 요약할 수 있을까요? 이 과정을 연관 짓기 문제Binding problem라 합니다.

연관 짓기의 핵심은 개념화에 도움이 되는 특징들을 한데 묶고, 그 과정에서 필요 없는 특징들은 과감히 버리는 것에 있습니다. 인공지능에게 연관 짓기 문제는 일관된 결론을 이끌어낼 수 없는 어려운 문제Ill-posed problem*입니다. 인공지능에서는 이렇게 핵

• 수학에서는 이를 Ill-posed problem이라고 합니다. 반대로 하나의 정답이 존재하고 이 정답을 언제나 쉽게 찾을 수 있는 경우를 Well-posed problem이라 합니다.

심 특징들을 묶어서 단계적으로 개념화를 진행하는 과정을 추상화 Abstraction라고 부릅니다. 무한한 세상 속, 무한대에 가까운 수의 특징들을 이리저리 묶고 버리는 과정의 끝에서 단 하나의 추상적 개념, '사과'가 탄생합니다.

개념의 추상화와 다양성의 딜레마

인공지능이 개념의 추상화를 진행하면 다채로운 현실 세계의 본질에 접근할 수 있을 것만 같습니다. 하지만 아이러니하게도 이 다채로움이 추상화 과정을 방해하는 가장 큰 걸림돌입니다.

현실 세계의 다채로움이란 무엇일까요? 사과를 예로 생각해봅시다. 사과에도 다양한 종류가 있겠지요. 덜 익은 사과, 빨갛게 익은 사과, 노란 사과, 깨진 사과, 먹다 남은 사과, 플라스틱 모형 사과, 달콤한 사과, 시큼한 사과, 백설공주의 독사과 등 다양한 특징들을 묶는 경우의 수는 계속해서 늘어날 수 있습니다. 심지어는 사과가 아닌데 사과인 척 끼어 있는 경우도 있습니다. 인공지능은 이와 같이 하나의 개념과 연관된 현실 세계의 다채로움을 다양성Variability이라고 부릅니다.

인공지능은 이제 사과의 다양성에 주목하고, 아주 너그럽게 이런저런 특징들을 마구 연관 짓기 시작합니다. 하지만 버릴 것들을 과감하게 버리지 못하는 너그러운 지도자의 정책 때문에 이것이 사

그림 2 본질과 다양성의 딜레마

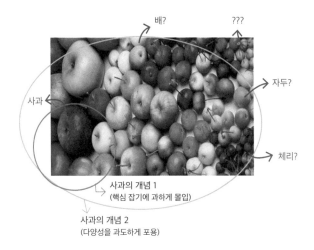

과인지 배인지 똥인지 된장인지 구분하지 못하는 지경에 이르게 되는데요. 결국 사과인지 배인지 모를, 뭐라 정의하기 애매한 개념만 남습니다.

그렇다면 이번에는 핵심 개념을 잡을 요량으로, 앞의 전략과는 달리 웬만한 특징들은 묻지도 따지지도 않고 신나게 버리기 시작합니다. 그리고 남은 몇 개의 특징들만 묶어 사과라는 개념을 만듭니다. 까칠한 지도자의 정책으로 빨간 사과만 사과로 인정하고 다른 색의 사과는 모두 알아보지 못하게 됩니다. 안타깝게도 사과를 사과라 부를 수 없는 상황이 생깁니다.

인공지능은 결국 본질에 다가가려 할수록 사과의 다양성에 대해 이러지도 저러지도 못하는 딜레마에 빠집니다. 현실 세계의 다양성 속에 깔린 개념의 핵심을 이해하겠다며 호기롭게 시작한 개념의 추상화 과정은 다양성으로 인해 막다른 골목에 부딪히고 맙니다. 개념의 추상화와 다양성의 딜레마는 인공지능 연구자들을 수십 년 동안 괴롭혀온 골칫거리의 끝판왕입니다. 사실 이 골칫덩이 방정식은 이후 3장에서 제대로 풀립니다. 예고편으로 한 가지만 이야기하자면, 이 딜레마를 적절한 타협으로 풀어내는 것이 딥러닝 Deep learning 중에서 가장 유명한 컨벌루셔널 신경망Convolutional neural networks입니다. 그러나 답이 궁금하다고 바로 3장으로 건너뛰시면 곤란합니다. 여기서 함께 보실 일차원적인 해법은 이 분야의 연구자들이 30년 가깝게 공들여 풀어낸 아름다운 결과이기 때문입니다. 그리고 이 해법의 아름다움을 느끼는 과정을 통해 비로소 개념의 추상화라는 문제의 본질에 접근할 수 있습니다.

이제 죄 없는 사과에 대한 이유 있는 짜증을 잠시 접어두고 인공지능이 본질과 다양성의 문제를 풀어내는 과정을 천천히 따라가 보도록 합시다.

2

생각열차의 순방향

마빈 민스키의 순방향 생각열차

인공지능의 아버지라 불리는 마빈 민스키Marvin Minsky는 그의 저서 『마음의 사회The Society of Mind』에서 "마음은 어떻게 작동하는가?"라는 질문을 던집니다. 이 책에서는 인간의 사고 체계를 어떻게 하면 형식화할 수 있을까에 대해 고민하며, 다양한 상상들을 만화로 그려냅니다. 그로부터 30여 년이 흐른 지금, 현대 인공지능은 하루가 다르게 급속히 성장하고 있지만 그 작동 방식은 마빈 민스키의 기본 철학에서 벗어나지 않습니다.

이 책의 「B-Brains」라는 장에서 마빈 민스키는 생각의 순방향 흐름에 대해 이야기합니다. 우리의 뇌는 A뇌('A-Brain')와 B뇌('B-Brain')라는 두 종류로 나눌 수 있는데, 우리는 먼저 A뇌를 통해 바깥세상의 정보를 받아들이고, A뇌가 이해하고 배운 것들은 B뇌에게 전달됩니다. 여기서 중요한 부분은 B뇌는 세상을 직접 볼 수

1장 무한한 세상을 유한한 공간에 담다   37

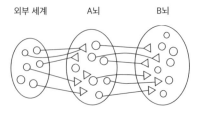

외부 세계　　　A뇌　　　B뇌

그림 3 마빈 민스키의 생각의 순방향 흐름.

없고, 오직 A뇌를 통해서만 간접적으로 경험한다는 점입니다. 결국 우리의 뇌는 '외부 세계-A뇌-B뇌-C뇌-……' 순서로 연결되어 있고, 각각의 뇌는 바로 앞의 뇌의 생각만 읽을 수 있으므로 생각은 순방향으로 흘러가게 됩니다.

　여기서 A뇌, B뇌 등은 인공지능의 생각종이로 볼 수 있습니다. 첫 번째 층Layer의 생각종이들은 각자의 방식으로 세상을 이해하고, 이 생각들을 두 번째 층의 생각종이들에 전달합니다. 이와 같이 순방향으로 생각이 전달되며 추상적 개념을 만들어가는 구조를 가진 인공 신경망을 순방향 신경망Feedforward network이라 부릅니다. 외부 세상과 직접 연결된 A뇌를 제외한 B뇌, C뇌… 등은 순방향 신경망에서 은닉층Hidden layer에 해당합니다.

본질에 다가가는 생각의 흐름

인공지능은 일단 세상의 다양성에 대한 걱정은 잠시 내려놓고,

당장 눈앞에 놓인 특징들을 묶어가면서 추상적 개념을 만들기 시작합니다. 이 일은 처음인 만큼 욕심내지 않고 갓 태어난 단순한 시스템인 얕은 인공 신경망Shallow network에게 맡겨봅니다.

인공 신경망의 입장에서 추상적 개념이 만들어지는 과정을 이해하기 위해, 지금 이 순간부터 자신을 얕은 인공 신경망이라고 자기최면을 걸어봅시다. 이제 여러분, 즉 얕은 인공 신경망의 머릿속에는 추상적 개념을 적을 수 있는 하얀 종이들이 있습니다. 편의상 이 종이들을 '생각종이'라고 부르겠습니다. 사실 인공 신경망의 머릿속에서 만들어지는 추상적 개념은 컴퓨터 프로그램의 변수Variable이고, 추상적 개념을 담아내는 생각종이는 컴퓨터의 메모리에 저장된 인공 신경망의 내부 유닛 사이의 연결성인 매개변수Parameter들입니다.

더 나아가 컴퓨터의 메모리에는 인공 신경망 내부 유닛 자체의 특성을 반영하는 정보들도 저장되는데, 이를 초매개변수Hyper parameter라고 부릅니다. 컴퓨터의 변수는 우리 머릿속에 스쳐가는 현재의 생각에 비유할 수 있고, 매개변수는 우리의 생각을 만들어내는 과정에 관여하는 뇌 속 신경세포들 간의 연결성에, 그리고 초매개변수는 뇌 속의 신경세포를 특징 짓는 유전체나 이온 채널과 같은 세부 정보에 비유할 수 있습니다.

갓 태어난 인공 신경망이 머릿속에 담을 수 있는 생각종이는 몇 장 되지 않기 때문에, 아직은 단순한 생각만 할 수 있습니다. 하지만 넓은 세상, 다양한 사과의 모든 특징들을 그대로 저장하려면 머릿속에 담아야 할 것이 너무 많습니다. 따라서 사과의 다양한 특징들 중에서 필요 없는 것들은 과감히 버리고 필요한 특징들만 '연관 짓는 문제'를 통해 개념을 압축해야 합니다.

연관 짓기 문제는 생각종이 접기라는 게임에 비유할 수 있습니다.* 먼저, 내가 관찰한 것들은 내 머릿속의 생각종이에 점들로 찍힙니다. 그리고 일단 사과와 관련 있다고 생각되는 점들과 그렇지 않은 점들 사이로 종이를 접습니다. 다시 종이를 펼치면 종이의 접힌 면을 기준으로 사과와 관련 있는 것들과 그렇지 않은 것들을 구분할 수 있게 됩니다. 여기서 '종이를 어떻게 접을까?'의 문제는, 내가 사과와 사과 아닌 나머지를 구분하기 위해 사과와 연관된 특징들을 묶고 나머지 특징들을 버리는 연관 짓기 문제에 비유해볼 수 있습니다.

이제 여러분 앞에 '어떤 것'이 있다고 합시다. '어떤 것'은 여러분의 감각기관을 통과함으로써, 여러분의 머릿속 생각종이에 하나의 점으로 찍히게 됩니다. 생각종이의 접힌 면을 기준으로 할 때 이 점이 어느 쪽에 있는가를 바탕으로 그것이 '사과'인지 '배'인지 판단하게 됩니다.

이제 얼마나 정확할지는 알 수 없지만, 인공 신경망은 나름의 기준으로 사과를 '사과'라 부를 수 있게 되었습니다. 이러한 인공 신경망의 생각종이 접기 과정은 수학이라는 멋진 도구로 설명할 수

---

* 연관 짓기 문제는 일반적인 함수 근사화Function approximation나 생성 문제 Generative modelling에도 적용되지만, 여기서는 이해를 돕기 위해 인식과 분류의 문제에 한정하도록 하겠습니다.

있지만(그림 4), 때로는 손으로 하는 종이접기로도 쉽게 이해할 수 있습니다.

이제부터 본격적으로 '생각종이 접기 게임'이라는 사고실험을 통해, 얕은 인공 신경망이 추상적 개념을 만들어내는 과정을 따라가 보겠습니다.

생각종이에 점 찍기

일단 다양한 색, 모양, 원산지의 사과들을 열심히 모아봅시다. 사과를 사과라 부를 수 있으려면 사과가 아닌 것을 아니라고도 할 수 있어야 하니, 사과가 아니지만 비슷한 물건들―오렌지, 귤, 딸기, 배, 테니스공, 당구공, 아이폰?―도 열심히 모아봅니다. 그리고 각 물건들이 얼마나 빨간지, 그 크기는 얼마나 되는지를 눈대중으로

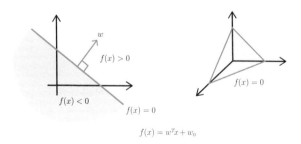

$$f(x) = w^T x + w_0$$

그림 4 두 개의 뉴런으로 구성된 1층짜리 얕은 신경망의 생각종이.(왼쪽) 세 개의 뉴런으로 구성된 1층짜리 얕은 신경망의 생각종이.(오른쪽) 직선과 평면은 생각종이를 접는 면을 나타냄.

재봅시다.

드디어 주인공인 내 머릿속 생각종이가 등장합니다. 이제 각각의 물건들을 보면서 머릿속 생각종이에 점을 찍어보겠습니다. 내 마음속 종이의 가로 방향은 사과가 얼마나 빨간지, 세로 방향은 사과가 얼마나 큰지를 표현한다고 상상해주세요. 빨갛게 잘 자란 사과들은 종이의 오른쪽 위로 갈 것이고, 초록색의 작은 테니스공은 종이의 왼쪽 아래에, 빨갛고 작은 딸기는 종이의 오른쪽 아래로 갈 것입니다.(이때 백설공주의 독사과는 오른쪽 위로 가겠죠?) 사과를 포함해서 우리가 모은 모든 물건들을 하나하나 생각종이에 점으로 찍고 나서, 잠시 많은 점들이 찍힌 생각종이를 떠올려봅시다.

자, 문제를 쉽게 만들기 위해 우리가 사과라 부르는 것들은 크기가 커지면서 빨갛게 변하는 것이라 하겠습니다. 이 경우 내 마음속 종이의 오른쪽 위는 사과를 보며 찍은 점들이 와글와글하고, 왼쪽 아래에는 나머지 물건들을 보며 찍은 점들이 와글와글할 겁니다.

생각종이 접기

이제 이 두 점들의 집합 사이로 종이를 접어보겠습니다. 접는 부분 위쪽으로는 사과들이 오도록, 아래쪽으로는 나머지들이 오도록 조심조심. 접힌 부분 아래쪽에 남는 사과 한두 개가 마음에 걸려도 괜찮습니다.

이제 종이를 펴봅니다. 접힌 면을 경계로 윗부분은 'A면'이라 적고, 아랫부분은 'B면'이라 적습니다. 1단계 통과! 생각종이의 접힌 부분이 바로 여러분 마음속에 저장된 얕은 신경망을 표현하는 매개변수들입니다. 그리고 여러분의 컴퓨터는 이 매개변수들을 메모리에 저장해 필요할 때 언제든지 저장된 개념을 불러올 수 있습니다. 그리고 생각종이가 접힌 방향이 바로 인공 신경망이 특징들을 '연관 짓는 방식'입니다!(컴퓨터에 저장되는 인공 신경망의 관점에서는 접힌 면과 수직인 선분값이 신경망의 파라미터로 저장된답니다.)

이제 여러분이 할 일은 새로운 물체를 볼 때마다 눈대중으로 빨간색의 정도와 크기를 재고, 이를 여러분 마음속 종이로 보내는 것입니다. 점이 찍힌 그곳에 A면이라고 적혀 있다면 "사과!"라 외치고, B면이라고 적혀 있다면 "배!"라고 말하시면 됩니다. 사과를 좋아하는 얕은 인공 신경망은 이제 스스로 사과를 찾아낼 수 있는 능력을 가져 뿌듯합니다.

인공 신경망에게 닥친 첫 번째 시련

이쯤에서 예상하신 분도 계시겠지만, 현실 세계는 이렇게 친절하지 않고 얕은 인공 신경망에게는 어김없는 시련이 찾아옵니다. 인공 신경망은 어느 날 작지만 새콤달콤한 노란 사과가 맛있다는 이야기를 듣게 됩니다. 이제 부지런히 마음속의 생각종이를 꺼내

체크체크.

안타깝게도 작은 노란 사과는 생각종이의 왼쪽 아래에 찍힙니다.(그림 5의 ②) '배'라고 적힌 부분이네요. 진짜 사과 맞다고 하는데, 사과를 사과라 부르지 못하니 억울합니다. 종이를 이리저리 다시 접어보지만, 한 번만 접어서는 잘 안 되네요……. 사실 이 경우는 한 번만 접어서는 해결이 불가능한 상황입니다. 인공지능은 이를 배타적 논리연산의 문제XOR problem라 부릅니다. 이 문제는 지난 세기 인공 신경망에게 닥친 첫 번째 시련*이었습니다.

두 번째 생각종이 접기

다시 원래 문제로 돌아와서 ─ 인공 신경망은 당황하지 않고 새로운 생각종이를 꺼냅니다. 그리고 종이를 대각선으로 한 번 접습니다. 접힌 면의 아래쪽으로 작은 노란 사과가 오고, 접힌 면의 위쪽으로 다른 모든 것들이 오도록 조심조심. 그리고 종이를 다시 펼쳐 접힌 면을 중심으로 먹고 싶은 노란 사과 쪽은 A면('사과')이라 적고, 반대편은 B면('배')이라 적습니다. 두 번째 생각종이에서는 비록 빨간 사과는 포기했지만 적어도 작은 노란 사과는 '사과'라 부를

---

* 인공지능과 달리 뛰어난 인간의 뇌는 이런 아픔 자체를 모릅니다. 최근 독일 뇌과학자들은 우리 뇌가 단 하나의 신경세포로 이 문제를 풀 수 있음을 증명했습니다.

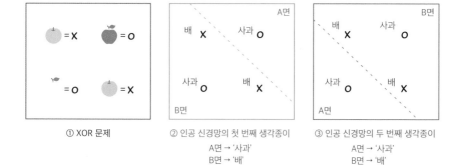

① XOR 문제

② 인공 신경망의 첫 번째 생각종이
A면 → '사과'
B면 → '배'

③ 인공 신경망의 두 번째 생각종이
A면 → '사과'
B면 → '배'

그림 5 배타적 논리연산 문제와 1층짜리 얕은 인공 신경망의 생각종이 접기 과정.

수 있게 되었습니다.(그림 5의 ③)

이제 새로운 물체를 볼 때마다 여러분이 할 일은 첫 번째 생각종이에 점을 찍고 해당 부분에 적힌 메모(A면 또는 B면)를 체크, 이어서 두 번째 생각종이에 점을 찍고 해당 부분의 숫자(A면 또는 B면)를 체크하는 것입니다. 이 첫 번째 종이와 두 번째 종이를 합쳐서 얕은 신경망의 첫 번째 층이라 부르겠습니다.

세 번째 생각종이 접기

첫 번째 생각종이로 원래 빨간 사과를 '사과'라 부를 수 있게 되었고, 두 번째 생각종이로 노란 사과를 '사과'라 부를 수 있게 되었습니다. 그런데 문제가 발생합니다. 처음에 만들었던 첫 번째 생각종이는 빨간 사과를 '사과'(A면에 있으므로)라 부르지만, 두 번째 생각종이는 빨간 사과를 '배'(B면에 있으므로)라 말합니다. 노란 사과에 대해서도 두 생각종이의 의견은 정반대입니다. '사과'라는 단 하나의 본질에 다가가고자 시작한 일인데, 어느새 두 생각종이의 의견이 충돌하고 맙니다.

이미 한 번의 시련을 이겨낸 인공 신경망은 침착하게 세 번째 생각종이를 꺼냅니다. 세 번째 생각종이의 가로축은 첫 번째 생각종이로부터 읽어낸 색을, 세로축은 두 번째 생각종이로부터 읽어낸 색을 표현한다고 상상해봅시다.(그림 6)

크고 빨간 사과는 오른쪽 윗부분에 찍힐 테니, 첫 번째 생각종이에서는 A면의 영역에 해당하고, 두 번째 생각종이에서는 B면의 영역에 해당됩니다. 작은 노란 사과는 왼쪽 아래 부분에 찍힐 테니, 첫 번째 생각종이에서는 B면의 영역에 해당하고, 두 번째 생각종이에

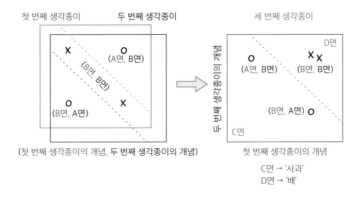

그림 6 세 번째 생각종이가 첫 번째 생각종이와 두 번째 생각종이의 의견을 종합하는 과정.

서는 A면의 영역에 해당됩니다. 배들은 전부 첫 번째 종이에서도 B면, 두 번째 종이에서도 B면에 찍힐 겁니다. 이로써 세 번째 종이에서는 사과가 아닌 배들을 한쪽 구석(B면, B면)으로 모으는 데 성공했습니다.

세 번째 생각종이에 찍힌 점들은 더는 골칫덩이였던 배타적 논리연산 문제가 아닙니다. 빨간 사과와 노란 사과는 왼쪽 대각선 아랫면에 놓여 있고, 배들은 오른쪽 위 구석에 몰려 있기 때문에, 이 두 집단을 구분할 수 있도록 생각종이를 접는 일은 아주 쉽습니다. 그리고 접힌 곳의 아래쪽에 '사과'(C면에 있으므로)라 적고, 위쪽에 '배'(D면에 있으므로)라 적으면 됩니다. 드디어 완성입니다! 세 번째 종이는 첫 번째 층에 있는 두 생각종이들의 의견을 종합하고 있으므로, 얕은 신경망의 두 번째 층에 놓이게 됩니다. 얕은 신경망의 두 번째 층은 은닉층이라 불리기도 합니다.

순방향 생각의 종착역은 추상적 개념

이제 인공 신경망은 각각 한 번씩만 접힌 이 세 장의 종이를 마음속에 저장해두었다가, 새로운 물체를 보면 눈대중을 통해 첫 번째 종이와 두 번째 종이에 찍어보고 그곳에 적힌 숫자를 꺼내고(첫 번째 층), 이 숫자를 이용해 세 번째 종이에 찍어보고(두 번째 층), 그곳에 적힌 숫자를 읽어내기만 하면 됩니다. -1이면 '배', +1이면 '사과'라 말하기—아시죠? 이를 2층 신경망이라고 합니다.

물론 새로운 사과가 등장하거나 상황이 더 복잡하다면 1층에서
사용하는 종이를 많이 만들 수 있습니다. 그리고 2층, 3층, 더 높은
층을 쌓을 수도 있습니다. 물체를 인식하는 인공 신경망은 2012년
에는 8층, 2014년에는 20층, 2015년에는 150층 이상을 사용합니다.
무한한 욕망으로 마천루처럼 높이 쌓으면 얻는 것도 있지만 잃는
것도 있습니다.

지금까지 얕은 인공 신경망이 사과에 대한 추상적 개념을 만들
어가는 과정을 따라가 보았습니다. 인공 신경망은 앞에 놓인 것을

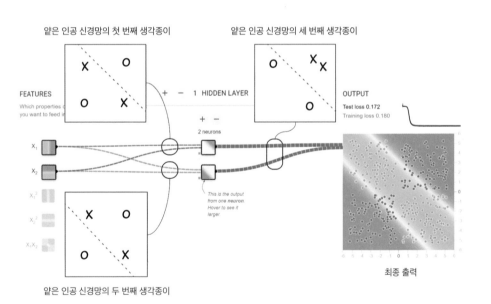

그림 7 세 장의 생각종이로 구성된 2층짜리 얕은 인공 신경망이 XOR 문제를 푸는 과정.
(텐서플로Tensorflow와 머신러닝 놀이터를 이용한 시뮬레이션 결과.)

관찰하고, 1층 생각종이에 점을 찍고, 점이 생각종이에 접힌 어느 면에 위치했는지에 따라 2층 생각종이에 점을 찍고, 3층, 4층 … 마지막 층까지 이 과정을 반복합니다. 이렇게 마치 열차와 같은 순방향 생각의 흐름이 만들어집니다. 그리고 이 생각열차의 종착역은 바로 '사과'라는 추상적 개념입니다.

생각열차의 역방향

개념에 다양성을 녹여 넣기

앞서 인공지능은 생각종이들을 여러 층 연결해서 추상적인 개념을 만들어내는 데 성공합니다. 개념의 추상화를 위한 기본 틀을 만들었으니, 이제는 이미 형성된 개념에 세상의 다양성을 어떻게 녹여 넣을 것인지 고민하기 시작합니다.

앞 장에서 우리는 생각종이 접기라는 사고실험을 통해 사과를 우리의 머릿속에 저장하는 경험(추상화)을 하였습니다. 이는 얕은 인공 신경망의 기본 연산 과정에 해당됩니다. 그렇다면 어떻게 사과의 다양성을 내 마음속의 생각종이에 품을 수 있을까요? 어떻게 하면 세상의 다채로움, 다양성을 품는 추상적 개념을 만들어내서 개념의 본질에 다가갈 수 있을까요? 이번 장에서는 이 문제를 해결해주는 인공 신경망의 마법을 소개하고자 합니다.

앞 장에서 만든 생각종이들을 다시 한 번 꺼내봅시다. 갓 태어난 아기 인공 신경망은 아직 경험이 충분치 않아 다양한 종류의 사과들을 생각종이로 자유롭게 옮기지 못하는 상태라서 생각종이를 잘 접기 어렵습니다. 앞으로 다양한 사과들을 경험하면서, 예전에 접었던 생각종이를 고쳐 접는 시행착오를 통해 점차 실수를 줄여나가야 합니다. 이 과정을 반복하다 보면 어느 순간 생각종이는 다양성을 충분히 품을 수 있게 되고, 인공 신경망은 비로소 사과의 본질에 다가갈 수 있게 될 것입니다.

이 넓디넓은 세상에 존재하는 수많은 종류의 사과를 하나씩 관찰하면서 사과의 개념을 완성해가는 것은, 무한한 세상의 다양성을 유한한 생각종이에 녹여 넣는 과정과 같습니다. 이를 위해서는 계속해서 개념을 다듬어가는 노력이 필요하며 결국에는 생각종이를 고쳐 접는 문제로 귀결됩니다. 시나브로 인공 신경망은 생각종이를 고쳐 접는 문제에 대한 고민을 시작합니다.

시행착오로 완성되는 다양성

그런데 귀찮게 생각종이를 여러 번 고쳐 접지 않고, 충분한 경험이 쌓일 때까지 기다렸다가 한 번에 접으면 되지 않을까요? 사실 인류는 인공 신경망이 태어나기 전부터 이 문제를 풀어왔습니다.

공학에서는 이러한 문제를 상태 추정 문제Estimator로 정의합니다. 자동차, 비행기, 우주선, 배와 같은 장치에는 여러 가지 센서들이 있고, 이 센서에서 관측된 데이터로부터 현재 상태가 어떤지를 거꾸로 알아내는 역문제를 상태 추정 문제라 합니다. 상태 추정을 잘하면 흔들림이 줄어 우리가 원하는 방향으로 잘 동작하는 만족스러운 기계가 됩니다. 마찬가지로 우리가 자전거를 탈 때를 상상해봅시다. 자전거를 타는 매 순간 우리 몸은 다양한 감각기관을 통해 상황을 관측하고, 그로부터 내 몸의 중심이 어디에 있는지를 추정하고, 이러한 상태 추정을 바탕으로 자전거를 조작합니다.

이러한 상태 추정 문제는 우리 앞에 놓인 '어떤 것'을 감각기관을 통해 간접적으로 경험하고, 이를 종합하여 그것이 무엇인지, 즉 그것의 내재적 상태를 인지하는 개념 형성의 문제로 볼 수 있습니다. 사과를 알아맞히는 문제도 마찬가지입니다. 사과를 포함해 우리가 그동안 본 물건들을 마음속 종이에 모두 모은 뒤, 단 한 번 만에 종이를 깔끔하게 접어서 이것이 사과인지 아닌지를 구분하는 과정 역시 상태 추정의 예라 할 수 있습니다.

그런데 왜 인공 신경망은 상태 추정 기술을 이용해 생각종이를 고쳐 접을 수 없는 걸까요?

첫 번째 이유는, 인공지능의 개념 형성을 위한 연관 짓기 문제가 일관된 결론을 이끌어낼 수 없는 어려운 문제라는 점입니다. 이 문제는 인공 신경망이 여러 층 쌓이고 구조가 복잡해질수록 더욱 심각해집니다. 현대 인공 신경망도 완벽하게 풀어내지 못한 이 문제에, 고전적인 상태 추정 기술은 매우 약한 모습을 보입니다.

또 다른 문제는 상태 추정 기술이 점진적으로 수정하거나 변화하는 다양성에 적응하기 어렵다는 데 있습니다. 적응형 상태 추정 기술이 있지만, 여러 가정이 필요하고 적용 범위에 제한이 많아, 세상의 모든 개념을 이해하고 싶어 하는 인공지능에게는 너무나 딱딱한 도구입니다. 만약 우리 관측에 오차가 적고 관측량이 많지 않아 마음의 종이 속에서 한꺼번에 볼 수 있다면 실수 없이 한 번만에 정확한 상태 추정이 가능합니다. 그러나 현실 세계에서 사과에 대한 다양한 경험들을 한 번에 담기에는 우리 마음속의 종이 크기가 작을 수도 있고, 또 상황이 변해서(새로운 품종의 사과가 출시되거나, 사과 모양의 사탕이 출시되는 등) 우리 마음속의 종이를 다시 접어야 하는 상황이 생길 수 있습니다.

결과적으로 다양성을 포용하기 위한 진정한 전략은 시행착오, 즉 실수로부터 배우는 것에 있습니다. 실수를 통해 생각종이를 고쳐 접는 전략은 이후 인공지능이 급격히 성장하는 원동력이 됩니다.

인공 신경망은 이제 추상적 개념에 다양성을 녹여 넣는 유일한 길은 시행착오를 통해 생각종이를 고쳐 접는 방법밖에 없다고 생각하고, 이 문제를 풀기 위한 깊은 고민에 빠집니다.

시행착오 = 생각종이 고쳐 접기

보통 우리는 일단 종이를 대충 접어보고, 접힌 면을 중심으로 잘못된 물건들이 침범한 부분이 얼마나 되는지 가늠한 뒤, 다시 접는 과정을 반복하게 됩니다. 그러나 인공지능에게는 "종이를 잘못 접었다면, 그럼 이렇게 다시 접으면 돼. 어떤 느낌인지 알지?" 하는 식의 가르침*은 잘 먹히지 않습니다.

그럼 우리의 지능 수준을 인공지능 수준으로 낮춰서 다시 생각해봅시다. 인공지능 눈높이의 세계에서는 실수를 하나하나 세어보게 되는데 즉, 접힌 면을 중심으로 '사과'(A면)라 표시한 영역에 침범한 다른 물건들이 몇 개인지 세어보고, '사과 아님'(B면)이라 표시한 영역에 침범한 사과들이 몇 개인지 세어봅니다. 이것을 인공지능의 언어로 비용Cost 또는 손실함수Loss function라고 합니다.

실수를 줄이려면 다음번 종이를 다시 접을 때 실수를 유발한 점들이 올바른 영역에 놓이도록 살짝 다르게 접으면 되지 않을까요? 그러나 불행히도 이 전략은 우리 마음속의 종이가 한 층으로 구성되어 있는 단순한 상황일 때만 가능합니다. 인공 신경망은 생각종이를 여러 장 접어 층층이 쌓아두지 않았던가요? 그럼 나머지 생각종이들은 어떻게 고칠까요? 어떤 순서로? 몇 층부터? 열 장의 생각종이가 있을 때 그중 어떤 생각종이들 때문에 실수를 하게 되었을까요? 이 모든 문제점들을 인공지능에서는 기여도 할당 문제Credit assignment problem라고 부릅니다.

---

* 여기서는 지도 학습이라는 정밀한 학습 방식을 주로 다루고 있지만, 최근 인공지능에서는 데모학습Learning by demonstration, 역강화학습Inverse reinforcement learning과 같이 인간과 비슷한 방식으로 학습하는 분야들도 빠르게 발전하고 있습니다.

기여도 할당 문제에 대한 인공지능의 첫 해법은 오차, 즉 실수에 책임이 큰 생각종이들을 역추적해서 실수하지 않는 방향으로 생각종이들을 다시 접는 것입니다. 이 전략이 바로 그 유명한 오차 역전파 학습Error backpropagation입니다. 오차 역전파 학습은 현대 인공지능의 지도 학습Supervised learning의 중심축입니다. 인공지능의 학습에는 지도 학습만큼이나 중요한 비지도 학습Unsupervised learning, 그리고 추후 다룰 준지도 학습Semi-supervised learning 등 다양한 방식이 있습니다. 여기서는 이해를 돕기 위해 가장 기본이 되는 지도 학습에 집중하여 이야기하겠습니다. 인공지능 성장기라는 영화에서 기억해야 할 첫 번째 명장면이니, 기대하셔도 좋습니다.

생각의 순방향과 역방향이 만들어내는 선순환 구조

우리 마음속의 2층짜리 얕은 신경망에서, 사과를 사과라 부르기 위한 개념의 추상화 과정을 다시 한 번 따라가 봅시다. 우리 앞에 놓인 물체의 색과 크기를 측정하여 첫 번째 층의 두 종이에 각각 점을 찍고, 이 부분에 해당되는 접힌 면(A면 또는 B면)을 읽어내어 두 번째 층의 종이에 점을 찍고, 이 점이 생각종이의 C면에 있다면 '사과', D면에 있다면 '배'라 했습니다. 이러한 일련의 생각 전달의 과정을 인공 신경망의 순방향이라 했습니다.

그런데, 이 답이 틀린 경우 앞에서 접었던 종이들을 모두 다시 접

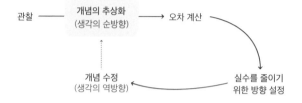

그림 8 인공 신경망의 오차 역전파 학습 개념. 인공 신경망의 출력을 위한
순방향 정보 전달. 인공 신경망의 업데이트를 위한 역방향 정보 전달.

어야 하겠지요. 인공지능이 실수를 바로잡기 위해 택한 전략은, 순
방향의 생각을 반대 순서로 거슬러 올라가는 것입니다. 인공지능
에서는 이를 역방향이라 부릅니다.

이제 역방향으로 실수를 바로잡는 생각의 흐름을 따라가 봅시
다. 일단 앞에서 소개한 방식으로 두 번째 층의 생각종이를 고쳐 접
습니다. 두 번째 층의 생각종이의 점 위치는 첫 번째 층의 생각종이
에서 읽어낸 숫자에 해당되므로, 고쳐 접은 만큼 달라지는 일부 영
역들에 해당되는 첫 번째 층의 생각종이 영역을 찾을 수 있겠지요.
이 영역에 맞춰 첫 번째 층의 생각종이들을 고쳐 접습니다.

이 과정을 '고요 속의 외침 게임'으로 생각해봅시다. 먼저 생각의
순방향을 보겠습니다. 첫 번째 사람이 어떤 상황을 관찰하고 나름
대로 해석해 다음 사람에게 전달합니다. 두 번째 사람은 첫 번째 사
람의 메시지를 관찰하고 나름대로 해석해 다음 사람에게 전달합니
다. 제일 마지막 사람이 정답을 외칩니다.('사과', '배' 등) 여기까지는
우리가 잘 알고 있는 고요 속의 외침 게임과 같습니다.

이제 생각의 역방향을 보겠습니다. 정답은 마지막 사람에게만 알려줍니다. 마지막 사람이 외친 답이 틀렸을 경우 마지막 사람은 자신에게 메시지를 전달한 사람에게 어떤 부분이 틀렸는지를 알려줍니다. 앞사람에게 해줄 설명은 자신이 앞사람의 메시지를 어떻게 해석했는지*에 따라 달라지겠지요. 그 설명을 들은 사람은 마찬가지로 자신에게 메시지를 전달한 앞사람에게 틀린 부분을 설명해줍니다. 이 과정을 계속하여 첫 번째 사람까지 모든 설명이 끝나면 비로소 하나의 생각 주기가 끝나게 됩니다. 이렇게 되면 다음번 고요 속의 외침 게임은 좀 더 잘할 수 있을 것 같고, 이 게임을 반복하면 팀 전체의 실력은 계속 나아질 것만 같습니다.

그런데 인공 신경망의 혁신은 단순히 생각의 자유로운 방향성에만 있는 것이 아닙니다. 순방향의 생각을 통해 예측하고, 역방향의 생각을 통해 실수를 바로잡는 과정을 함께 반복해야 점차 성장할 수 있습니다. 생각의 순방향으로 나아갈 때 최선을 다하면 실수를 올바르게 판별해낼 수 있으며, 그 이후에는 이 실수를 바로잡기 위해 생각의 역방향으로 나아갈 수 있습니다. 생각의 역방향으로 나아갈 때 최선을 다해 실수를 바로잡아야 비로소 다음번 생각의 순방향에서 실수를 줄일 수 있습니다.

인공 신경망은 이 논리에 따라 생각의 순방향 → 생각의 역방향

---

* 가중치를 업데이트할 때 바로 뒤 층의 전체 가중치 정보를 사용하는 과정으로, 가중치 전달Weight transport이라고 합니다. 자세한 이야기는 6장에서 이어집니다.

→ 생각의 순방향 → 생각의 역방향 → … 의 과정을 스스로 만족할 때까지, 더 이상 실수하지 않을 때까지 끊임없이 반복합니다.

인공 신경망의 성장의 첫 번째 비밀은 바로 생각의 순방향과 역방향의 꼬리 물기 과정을 통해 만들어가는 선순환 구조에 있습니다. 이렇게 인공지능은 무한한 세상을 유한한 생각종이라는 공간에 가두는 데 성공합니다.

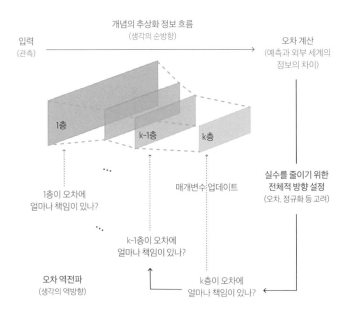

그림 9 인공 신경망의 오차 역전파 학습 개념.
순방향 정보 전달과 역방향 정보 전달의 선순환 구조.

인공 신경망 생각종이의 시간과 공간 여행

이와 같이 외부 세계를 인식하기 위해서 인공지능은 층층이 쌓인 생각종이를 따라 순방향으로 생각하고, 실수한 경우 오차에 따라 역방향으로 생각종이를 고쳐 접습니다. 이는 종이들로 이루어진 공간Space을 따라 정보가 흘러가는 것이라 할 수 있습니다.

역방향으로 생각종이를 고쳐 접는 방식은 계산량을 획기적으로 줄이는 경제적 전략이기도 합니다. 이 개념은 컴퓨터 과학에서 동적 계획법Dynamic programming이라 불리기도 하는데요, 한번 계산한 정보를 메모리에 저장해두었다가 필요할 때 꺼내서, 반복적으로 점차 복잡한 문제를 해결해나갈 때 쓰는 전략입니다. 인공 신경망에서는 동적 계획법을 이용해 생각종이를 거슬러 올라가는 과정을 신경망 가중치 전달Weight transport이라 부릅니다. 이 전략은 경제적이지만 생물학적인 관점에서 보면 모순점이 있는데요, 이 내용은 6장에서 소개하겠습니다.

이러한 인공지능의 순방향-역방향 이동은 공간 안에서, 시간 축을 따라 일어납니다. 인공지능 연구자들은 시간과 공간을 자유롭게 넘나들면서 학습하는 인공지능을 만들기 위해 고민하고 있습니다. 알파고나 알파고 제로에서는 강화학습Reinforcement learning이라 불리는 학습 전략을 앞에서 설명한 인공 신경망으로 구현합니다. 낮은 신경망 레벨에서는 공간 안에서 순방향 예측과 역방향 오류 전파를 반복하면서 학습합니다. 그리고 이 신경망을 이용해 '강화학습'

(7장 참조)이라는 문제를 푸는데, 이 상위 레벨의 학습 과정에서는 시간 축을 따라 순방향 예측과 역방향 오류 전파를 반복합니다.

뇌 생각종이의 시간과 공간 여행

우리 뇌는 인공 신경망처럼 굳이 공간과 시간을 나눠 힘들게 일하지 않습니다. 단일 신경세포 수준에서 일어나는 현상들을 인공지능의 관점에서 살펴보면, 공간과 시간을 넘나들며 예측과 오류 역전파 과정이 일어나고 있음을 알 수 있답니다.

또한 우리 뇌는 앞서 소개한 신경망 가중치 전달과 같은 꾀를 부리지 않고도 시간과 공간을 넘나듭니다. 이는 동적 계획법과 같은 별도의 메모리 저장 없이도 역방향으로 생각을 전달할 수 있음을 뜻합니다. 뇌의 신경세포가 이 문제를 어떻게 푸는지에 대해서는 이 책의 6장에서, 뇌의 전두엽이 이 문제를 어떻게 푸는지에 대해서는 이 책의 7장에서 이어집니다.

짧은 예고편은 여기서 끝내기로 하고, 다음 장부터는 인공지능이 가진 생각의 깊이와 아름다움을 느껴볼 텐데요, 그 과정에서 압도되지 않기를 바랍니다. 알파고와의 대결에서는 인간이 한 수 양보하는 미덕을 발휘했지만, 우리의 뇌는 인공지능보다 여러 수 앞서 있습니다. 사실 몇 수나 앞서 있는지는 아직 아무도 모릅니다.

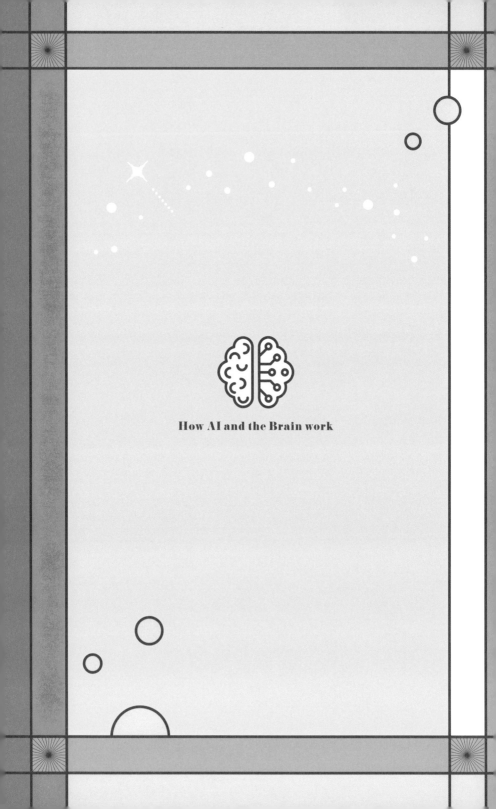

How AI and the Brain work

2장

현재의 성공이
미래의 실패가 되다

현재 사건 속에서 찾아낸 미래 이야기

○ ■ ●

첫 번째 장에서 인공 신경망은 경험으로부터 추상적 개념을 만들어낼 수 있는 능력을 얻었습니다. 생각의 순방향을 통해 현재의 문제를 풀어보고 생각의 역방향을 통해 과거의 실수를 고쳐나갈 수 있습니다. 지금은 무엇이든 배울 수 있을 것만 같습니다. 첫걸음을 뗐으니, 이제 조금씩 미래를 생각해보려고 합니다.

그런데 문제가 생깁니다. 지금 당장은 무엇이든 자신 있는데, 시간이 지날수록 자꾸만 실수하기 시작합니다. 아이러니하게도 현재의 성공은 미래의 성공을 보장해주지 않습니다. 우리에게는 익숙한 삶의 지혜이지만, 인공지능에게는 적용되기 어려운 사실입니다.

더욱 의아한 것은, 현재의 성공에 집착할수록 미래에 더 많은 실수를 범하게 된다는 것입니다. 현재의 성공이 곧 미래의 실패가 됩니다. 왜일까요?

이번 장에서는 인공 신경망이 지금 이 순간 스스로 만들어낸 추상적 개념 속에서 미래의 성공 가능성을 찾아냅니다. 해답은 생각종이의 여백 속에 숨어 있습니다. 아이러니하게도 당장의 성공을 위해 생각종이를 가득 채워야 한다는 집착을 내려놓으니 자연스럽게 미래의 성공으로 이어집니다.

단순한 생각종이는 편견 없이 세상의 다양성을 받아들이면서도 효율적으로 접어 종이를 절약하며 미래의 성공을 추구합니다. 이제 인공 신경망은 복잡한 현실을 단순하게 생각하는 방법을 터득하고, 그 속에서 미래를 꿈꾸게 됩니다.

현재의 성공이 미래의 실패가 되는 아이러니

마천루를 꿈꾸다

지금까지 우리는 2층짜리 인공 신경망을 이야기했지만, 더 깊고 넓은 생각을 위해서는 3층, 5층, 100층짜리 신경망이 필요할 것입니다. 그 안에 얼마나 많은 생각종이들이 있으며, 얼마나 복잡한 관계를 표현할 수 있을지 잠시 상상의 나래를 펼쳐봅시다.

실은 이 세상에서 상상할 수 있는 모든 관계, 더 정확하게는 모든 함수를 담을 수 있는 2층짜리 인공 신경망이 존재한다는 것이 증명[*]되어 있습니다. 이렇게 어디선가 우리를 기다리고 있을 것만 같은 궁극의 2층짜리 인공 신경망을 만나기는 어렵습니다. 이 신경망을 마냥 찾아 헤매는 대신 3층 이상 쌓으면 됩니다. 앞 층에서 대충 접

---

[*] 보편 근사 정리Universal approximation theorem라 불리며, 콜모고로프-아르놀트 정리Kolmogorov-Arnold representation theorem까지 거슬러 올라갑니다.

고 미처 해결되지 않은 부분은 생각종이를 새로 접어서 계속 쌓아가면 됩니다. 이렇게 높이높이 마천루를 만들다 보면, 마치 경험 속 깊이 숨겨진 개념의 본질을 찾을 수 있고, 이 세상의 모든 문제를 해결할 수 있을 것만 같은 자신감이 생깁니다.

그래서 인공지능은 '당장 주어진 제한된 경험만 학습하는 것으로도 앞으로 계속 잘할 수 있을까?'라고 스스로에게 묻습니다. 이 문제를 인공지능의 언어로 규정하면 경험에 기반한 위험의 최소화 Empirical risk minimization*라고 합니다. 인공지능은 현재까지의 경험은 많지 않지만 마치 이 세상에서 산전수전을 다 겪은 것처럼 근거 없는 자신감을 가지고, 마천루의 인공 신경망을 만들고 싶어 합니다.

현재의 성공에 대한 집착을 내려놓다

세상에 공짜는 없습니다. 우리가 관찰할 수 있는 것들은 제한적이고, 이 제한적인 상황에서 만들어낸 추상적 개념이 과연 진실이라 할 수 있을까요? 물론 '세상은 진실을 말해주지 않는다.'라고 딱히 단정 지을 수는 없지만, 적어도 앞으로 여전히 실수할 위험성이 남아 있다는 것만큼은 사실입니다.

실제로 인공 신경망을 오차 역전파 방식으로 오래 학습시키거나

• 인공지능의 언어로 이상적인 학습은 위험 최소화True risk minimization라고 합니다.

복잡한 구조를 사용할수록, 학습 과정에서 경험하지 못한 문제에 대해서 점점 더 많은 실수Loss가 일어나게 됩니다. 복잡한 문제를 잘 풀고 기억력이 좋은 인공 신경망일수록 미래에 실패할 확률이 높아지게 되는 아이러니한 상황입니다. 이를 과적합Overfitting 문제라고 합니다.

반항심이 생긴 인공 신경망은 현재의 성공에 대한 집착을 내려놓습니다. 열심히 배우고자 하는 마음이 부족하니 눈앞에 놓인 문제를 제대로 풀 리가 없습니다. 현재 성적이 좋지 않으니 미래의 성공을 기대하기도 어렵습니다. 이를 과소적합Underfitting이라 합니다.

현재의 상황에만 집중해 이를 추상화하려 하고, 이를 해결하려 추상화 과정을 느슨하게 하는 극단적 상황˙을 종합해보면 과적합과 과소적합 그 사이, 어딘가에 해결책이 있을 거라는 막연한 생각을 하게 됩니다. 공부를 열심히 하되, 현재 성적에 과하게 집착하지 않는 것이 중요하다는 뜻입니다.

인공 신경망은 이 상황을 인공지능의 언어로 형식화합니다. 마천루와 같이 과도하게 복잡한 구조의 인공 신경망이 되지 않도록 주의하여, 미래에 발생할 수 있는 잠재적인 실수의 위험성을 낮추겠다는 작은 목표를 세웁니다. 이를 기계학습 분야에서는 구조적인 위험을 최소화하는 문제Structural risk minimization라 부릅니다. 과거

˙ 근래 딥러닝의 과적합-과소적합 프로파일은 이러한 단순한 U자 형태보다 복잡한 W자 형태인 경우가 있다는 연구 결과들이 있습니다. 이를 학습 오차의 이중 감소현상Double descent이라 부릅니다.

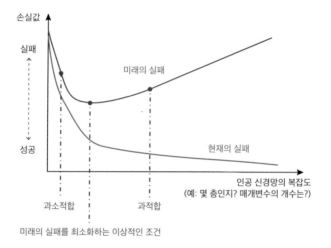

그림 1 인공 신경망의 구조적 위험 문제 개념.

영국의 철학자 윌리엄 오컴William of Ockham의 원칙 중 하나인 '꼭 필요하지 않은 불필요한 설명은 잘라낸다.'라는 말에서 유래된 오컴의 면도날Occam's razor 문제에 비유되기도 합니다.

이제 인공 신경망은 마천루의 꿈을 잠시 접고, 미래의 성공에 집중하기 시작합니다.

미래에 실패할 가능성을 예측하다

지난 반세기 동안 응용수학의 한 줄기인 통계학습이론Statistical learning theory 분야*에서는 이 문제에 관한 다양한 이론들을 만들고,

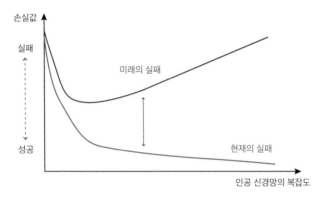

그림 2 구조적 위험 문제에 대한 통계학습이론의 해법 예.
현재의 실패와 인공 신경망의 특징으로부터 미래의 실패 가능성을 예측할 수 있음.

현재의 성공(실패)과 미래의 성공(실패)의 차이

$$I[f] - I_s[f] \leq \sqrt{\frac{h(\ln\frac{2N}{h} + 1) - \ln\frac{h}{4}}{N}}$$

미래의 실패 ⤙┄┄┄┄

현재의 실패

인공 신경망의 다양한 특징들, 인공 신경망의 경험치 등

이를 바탕으로 인공 신경망이 미래에 실패할 위험성Risk을 평가해
왔습니다. 여기서 위험성이라는 것은 현재 경험한 실수(당장 틀린 문
제 개수)에 비해 미래에 일어날 수 있는 실수(경험하기 전엔 아무도 모
름)가 얼마나 큰가를 의미합니다. 이 이론으로 이번 시험에 90점을
받은 인공 신경망이 다음 시험에서는 몇 점을 받을지를 가늠할 수
있습니다.

• 대표적인 학자로 블라디미르 바프닉Vladimir Vapnik이 있습니다. 바프닉은 통계적
관점에서 모델의 학습 문제를 정의하였고, 이 문제의 최적 해법 중 하나인 서포트
벡터 머신의 공동 개발자로도 잘 알려져 있습니다.

통계학습이론 연구자들은 미래에 일어나지 않은 일을 예측하여 실수의 가능성을 정확히 평가하는 것은 신의 영역이라는 사실을 겸허히 인정하고 현실적인 대안을 찾았습니다. 즉, '확률적으로' 이 위험성이 얼마나 되는가를 평가할 수 있는 방법을 만들었지요. '위험성의 확률'이라는 것은 어찌 보면 '내로남불' 같은 것입니다. 만약 성공하면 이론이 좋기 때문이라 하고, 틀리면 확률 탓을 하면 됩니다.

이 위험성에는 다양한 인자들이 포함되어 있는데, 인공 신경망의 복잡도와 관련된 변수(생각종이를 몇 장 썼는지, 어떤 방식으로 접는지), 우리의 경험치(지금까지 얼마나 많은 사과를 보았는지), 고려하는 특징의 개수(사과의 크기, 색, 질감, 맛 등) 등이 그 대표적인 예입니다. 연구자들은 이를 이용하여 다음과 같은 결론을 얻습니다. '최대한 많은 데이터를 바탕으로 학습하고, 그 과정에 필요한 생각종이를 최대한 절약하면 미래에 실수할 가능성이 줄어든다.' 어찌 보면 당연하지만 그래서 참으로 아름다운 결론입니다.

미래의 실패 가능성을 줄이는 비밀 레시피

이제 현재의 경험에서 미래의 성공 여부를 예측할 수 있게 된 인공 신경망은, 자연스럽게 욕심을 냅니다. 현재의 경험을 배우는 과정에서 미래에 실수할 가능성을 '줄일 수도' 있지 않을까? 하는 욕심이지요.

이 문제를 수학적으로 형식화하려는 다양한 시도가 있었는데, 그중 대표적인 것이 티호노프 정규화Tikhonov regularization라 불리는 문제입니다. 티호노프 정규화는 하나의 문제에 대해 다수의 해답이 존재하거나, 학습을 통해 도출되는 해답이 학습의 초기값에 의존적인 경우 등, 기존의 해석적인 방법으로 깔끔하게 풀리지 않는 문제들Ill-posed problem을 좀 더 안정적으로 해결하려는 학습 전략을 뜻합니다. 이론에 따르면, 미래에 실수할 가능성을 줄이기 위해서는 현재의 성공을 의도적으로 낮게 평가하는 것이 필요합니다.

그렇다고 무턱대고 폄하하는 것은 아닙니다. 인공 신경망의 복잡도와 같이 앞서 소개한 위험성과 관련된 인자—특히 인공 신경망의 복잡도—를 고려하여 현재의 성공을 재평가하는 전략을 취하고 있습니다. 여기에는 내 머릿속 생각종이를 아껴 쓰고, 접어야 한다면 간결하게 접고, 이러한 절약 습관으로 인한 실수는 어느 정도 인정한다는 재미있는 철학이 담겨 있습니다.('비밀노트 1' 참고) 연구자들은 이 티호노프 정규화 문제의 철학을 그대로 계승한 새로운 인공 신경망을 탄생시킵니다.

현재의 성공에 집착했던 1세대 인공 신경망은 이제 역사의 한 페이지가 되고, 미래의 성공을 바라보는 2세대 인공 신경망이 새로운 도전을 시작합니다.

얕은 인공 신경망의 단순함에 담긴 철학

티호노프 정규화 문제 관점에서 얕은 인공 신경망의 현재의 성공 지표는 ① 현재의 관측에 대한 실수가 얼마나 적은지(예: 신경망 예측에 대한 손실값)와 ② 접힌 종이의 완만한 정도(예: 신경망 파라미터 벡터의 크기)의 합으로 표현됩니다. 시험을 치는 상황으로 설명한다면 전자는 시험 점수에 해당되고, 후자는 얼마나 단순하게 문제를 해석해서 풀었는지에 비유할 수 있습니다.

이제 얕은 인공 신경망을 학습시키기 위해 앞 장에서 소개한 오차 역전파 방식을 사용한다고 하면, 티호노프 정규화 문제에서 정의된 성공 지표를 최대화하기 위해(또는 실패를 최소화하기 위해) 역방향으로 정보를 전달하며 생각종이(신경망의 파라미터)를 고쳐 접게 됩니다.

연관 짓기 문제의 관점에서 이 오차 역전파 전략을 해석해보면 실수를 줄이는 방향으로 특징들을 연관 짓는 동시에 각각의 특징들이 가지는 설명력을 줄여나가는 효과가 있다고 할 수 있습니다.

여기에는 '하나의 특징이 이 모든 것을 설명한다.'라는 관점이나 '버릴 특징이 하나도 없다.' 또는 '모든 특징이 매우 중요하다.'와 같은 극단적인 관점을 피하면서 성공과 단순함이라는 두 마리 토끼를 모두 잡겠다는 철학이 깔려 있습니다.

2

생각의 여백 만들기

생각종이의 여백을 찾는 얕은 인공 신경망

연구자들은 앞의 티호노프 정규화 이론 관점에서 미래에 실수할 위험이 적은 최적의 인공 신경망 구조를 찾아냅니다. 인공지능 성장기라는 영화에서 기억되어야 할 두 번째 명장면이니, 기대하셔도 좋습니다.

앞서 우리는 얕은 인공 신경망의 문제를 생각종이 접기로 해석해보았는데요, 종이접기로 이야기를 계속 이어나가 봅시다. 티호노프 정규화 문제에서는, 현재 시점에서 접혀 있는 생각종이를 바탕으로 사과를 얼마나 정확하게 사과라 지칭하고 있는지(현재의 성공률)와 종이가 얼마나 가파르게 여러 번 접혀 있는지(인공 신경망의 복잡도)를 바탕으로 미래의 실패 확률을 예측합니다.

연구자들은 여기서 생각종이의 접힌 부분에 여백이 얼마나 많은지가 인공 신경망의 복잡도를 가늠할 수 있는 중요한 잣대라 생각했습니다. 인공 신경망의 매개변수 값에 의해 결정되는 생각종이의 접힌 면은 바로 신경망의 내부적인 판단 기준이 됩니다. 이때 생각종이의 접힌 면 안팎의 여백은 이 판단 기준을 만족하는 모든 경우의 집합을 뜻합니다. 따라서 여백이 적은 인공 신경망일수록 판단 기준이 복잡하고, 반대로 여백이 많을수록 단순하게 생각한다고 볼 수 있습니다.

이제 잠시 눈을 감고 생각종이의 접힌 면과 그 여백을 상상해봅시다. 이 종이를 가파르게 접고 여러 번 접다 보면 접힌 부분에 여백이 자연스럽게 줄어들게 되겠지요? 따라서 우리의 목표는 현재의 성공(사과를 사과라 부르기)을 최대화하는 종이접기의 방식 중에 여백을 최대한 많이 주는 것으로 확장할 수 있습니다. 이론적인 관점에서 보면 이 여백의 최대화 방식은 티호노프 정규화 문제를 푸는 하나의 전략*이라 볼 수 있습니다.

생각종이의 여백으로 만들어내는 미래의 성공

앞 장의 생각종이 접기 문제는 다음과 같이 표현할 수 있습니다.

---

* 별도의 연구에서 티호노프 정규화 문제의 해답은 서포트 벡터 머신의 형태로 표현되었습니다. 또한 생각종이 접기의 여백을 최소화하는 문제를 풀어보면 L2 함수 티호노프 정규화 문제와 같음을 볼 수 있습니다.(바프닉의 통계학습이론)

현재까지 경험한 물건들에 대한 분류 오류를 최소화하는 종이접기 방식 중 가장 많은 여백을 가진 방식 찾기

인공 신경망은 이 문제를 두 가지로 분리해서 생각합니다. 첫째는 '여백을 최대한 많이 주는 생각종이 접기'라는 새로운 목적, 둘째는 '분류 오류를 최소화'하는 기존의 성공 조건입니다. 이렇게 목적과 조건으로 분리되는 문제를 제한조건이 있는 최적화Constrained optimization 문제라고 합니다.

수학 이론에 따르면 이러한 문제들을 다른 각도에서 표현할 수 있습니다. 이를 쌍 문제Dual problem라 부릅니다. 위 문제를 쌍 문제로 변환해보면 아래처럼 표현할 수 있습니다.(실제 쌍 문제를 그대로 읽어낸 것은 아니며, 이해를 돕기 위해 직관적으로 풀어 쓴 것입니다.)

현재까지 경험한 물건들 중, 생각종이의 접힌 부분에 가까워 실수할 가능성이 높은 물건들 골라내기

이 문제를 최적화 풀이법에 따라 풀게 되면, 그 결과로 지금까지 한 각각의 경험이 얼마나 중요한지를 알려주는 일종의 깃발이 붙게 됩니다. 생각종이의 접힌 부분에 가까운 물건들, 즉 여백에 큰 영향을 미치는 물건들에 대해서는 '중요한 경험'이라는 깃발이 올라가고, 접힌 부분에서 멀어서 상대적으로 여백에 별 영향을 미치지 않는 안전한 경험들에서는 깃발이 내려가게 됩니다. 중요한 경험들

만 골라내는 청기백기 게임과 비슷합니다.

여기서 우리가 가장 관심 있는 부분은 생각종이를 어떻게 접느냐 하는 문제입니다. 즉, 인공 신경망의 매개변수들을 어떻게 결정하느냐인데, 이게 경고 깃발과 어떤 관련이 있을까요? 쌍 문제가 우리에게 주는 또 하나의 강력한 도구는 이 경고 깃발들을 이용해 우리가 생각종이를 접을 수 있다는 것입니다. 직관적으로 표현한다면 우리의 생각종이를 놓고, 여기에 표시된 경고 깃발들만 잘 피해서 조심조심 접으면 됩니다.*

이는 각 경험에 대한 경고 깃발들만 잘 기억하고 있으면 우리가 필요할 때 언제든지 생각종이를 접을 수 있다는 것이므로, 인공 신경망은 이제 더 이상 생각종이를 직접 접을 필요가 없습니다. 경고 깃발들만 가지고 있으면 됩니다. 우리가 사과라는 물체를 구분하기 위해 현실 세계의 다양한 물건들을 경험하는 과정에서 사과인지 아닌지 헷갈리는 것들(경고 깃발이 꽂힌 경우들)만 마음속에 저장하면 된다는 겁니다. 이것이 바로 1900년대 후반부터 2000년대 초반 인공지능과 기계학습 분야에서 가장 큰 지분을 차지하였던 서포트 벡터 머신Support Vector Machine이라는 모델입니다.

---

* 이 설명은 직관적인 이해를 돕기 위한 비유이며, 실제로 인공 신경망의 내부에서는 다음 요소들의 곱과 합으로 쌍 문제의 해답을 계산해냅니다. '중요한 경험'이라는 깃발들, 외부 세계의 정보(사과/사과 아님 정답, 배 등), 생각종이에 찍힌 물체에 맺힌 점들에 대한 정보 등입니다. 이렇게 계산된 값이 바로 신경망의 생각종이의 접힌 면, 즉 신경망의 판단 기준이 됩니다.

그림 3 대표적 인공 신경망들의 지도 학습 방식 비교.

1세대 인공 신경망(얕은 신경망)

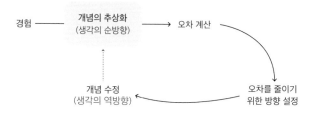

2세대 인공 신경망(서포트 벡터 머신)

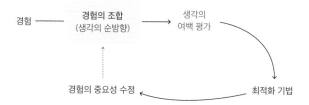

3세대 인공 신경망(딥러닝)

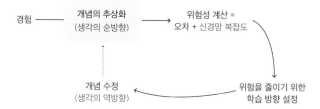

서포트 벡터 머신이라는 2세대 인공 신경망은 생각의 여백 속에서 미래의 성공을 예감합니다. 그리고 생각의 여백을 주어 스스로 미래의 성공 가능성을 높여갑니다.

1장에서 소개한 1세대 인공 신경망은 현재의 성공을 위한 학습에 집중하는 데 비해, 이번 장에서 살펴본 2세대 인공 신경망은 미래의 성공 가능성을 높이기 위한 학습을 합니다. 3장에서 소개할 3세대 인공 신경망은 단순한 1세대 인공 신경망의 학습 방식을 다시 사용하고, 여기에 정규화Regularization라는 기법을 추가하여 미래의 성공 가능성을 높이는 학습을 진행합니다.

3

단순하게 생각하는 기술

무한한 세상을 담을 수 있는 마법의 생각 상자

앞서 인공 신경망은 생각종이가 가진 여백의 미를 이용하여 티호노프 정규화 문제에 대한 해법을 제시하였고, 그 결과로 미래의 성공 가능성을 높였습니다. 미래의 성공을 위한 기초를 다졌으니, 이제는 이 단순함을 발판 삼아 복잡한 문제를 풀어보려 합니다. 그래서 인공 신경망은 단순함이라는 껍질 속에 복잡한 것들을 욱여넣기 시작합니다. 단순함이라는 방호복만 잘 갖추고 있다면 현재의 성공이 미래의 실패가 되는 모순으로부터 안전하기 때문입니다. 그렇다면 어떻게 생각종이의 여백의 미를 살리면서도 복잡함을 추구할 수 있을까요?

통계적 기계학습 이론 연구자들은 우리가 관측하는 외부 세계의 특징들을 함수공간이라는 고차원의 개념 공간(생각종이)에 옮긴 뒤, 이 공간에서 지금까지 설명한 얕은 인공 신경망 문제를 비롯한 다양한 선형 기법들을 적용하는 방식을 생각하였습니다. 고차원 개념 공간은 커널함수Kernel function*라 불리는 단순하면서도 특별한 함수군에 의해 정의됩니다.

고차원의 개념 공간은 우리가 가진 생각종이의 크기가 무한히 커지는 것에 비유해볼 수 있습니다. 이렇게 종이가 커지면 무한한 세상의 다양성을 하나의 종이에 담아낼 수 있습니다. 그러나 세상에 공짜는 없는 법, 아주 커다란 생각종이는 무겁고 접기도 어렵습니다.

커널 방식이라는 기계학습의 한 분야에서는 이 문제를 해결하기 위해 새로운 방법을 사용합니다. 우리가 기존에 풀었던 얕은 인공 신경망과 선형 기법들을 쌍 문제로 변환하고, 변수의 값을 적절히 활용하기 위해 조작하는 변수 치환Reparameterization 기법들을 이용해서 고차원 개념 공간에 해당되는 모든 변수들을 단순한 커널함수로 대체하는 것입니다. 이렇게 되면 고차원 개념 공간에서 정의되는 문제들이 단순한 커널함수들의 조합 형태로 표현됩니다. 고차원 개념 공간에서는 우리의 인지능력으로 구분이 어려운 매우 복잡한 경험들이 아주 단순하게 구분되는 경우가 많습니다.

커널 방식을 이용하면 앞의 '2. 생각의 여백 만들기'(75쪽)에서

• 전통적 인공 신경망에서는 대체로 벡터 합과 곱 연산자에 의존하여 판단하므로 선형적인 특성이 강하지만, 커널함수에서는 임의의 함수를 연산자로 이용하여 판단하므로 비선형적 특성이 강합니다. 전통적 인공 신경망 생각종이의 접힌 면이 직선이라면, 커널함수로 정의되는 인공 신경망 생각종이의 접힌 면은 꼬불꼬불한 자유선에 비유할 수 있습니다.

소개한 서포트 벡터 머신 역시 고차원 개념 공간에 정의할 수 있는데요, 이는 커널 서포트 벡터 머신Kernel support vector machine이라 부릅니다. 커널 방식은 경험으로부터 직접 추상적 개념을 만들어내지 않고, 먼저 각각의 경험들을 개념적인 고차원 공간의 생각종이로 옮깁니다. 그리고 서포트 벡터 머신이 이 개념적인 고차원 공간 안에서 바통을 이어받아 기존의 방식으로 개념을 추상화합니다. 이러한 개념의 추상화 전략은(인공지능의 언어로는) 앞서 정의했던 티호노프 정규화 문제를 해결하는 최선의 방식이며, (인간의 언어로는) 현재의 성공이 미래의 실패가 되는 모순을 해결한다는 것을 뜻합니다!

커널 방식은 공간상의 두 가지 경험(x, y) 사이의 관계, 즉 커널 함수의 $k(x, y)$를 이용하여 정보를 처리합니다. 우리는 일반적으로 2, 3차원에서 생각하지만, 커널 방식으로 정의되는 인공 신경망은 고차원 공간에서 생각합니다. 커널 서포트 벡터 머신은 고차원 개념 공간상에서 정의된 티호노프 정규화 문제의 해답의 형태와 일치합니다. 이 이론은 최신 딥러닝 모델들이 왜 잘되는지도 설명하고 있습니다.(커널 기법을 위한 표현 정리Representer theorem) 좀 더 넓은 의미에서의 함수공간Banach space에서 정의되는 정규화 문제의 해답의 형태는 현재 널리 쓰이고 있는 딥러닝의 구조와 매우 유사합니다.* 우리가 구분하기 어려워했던 복잡한 개념들은 의외로 고차원 공간에서는 간단하게 보이는 경우가 많습니다.

현재를 희생해 얻는 미래의 성공

앞서 생각종이 접기의 사고 훈련을 하면서 작은 고비들도, 소소한 재미도 있었을 것이라 생각합니다. 이렇게 좌충우돌하는 동안 우리가 무엇을 위해 열심히 달려왔는지 기억해봅시다. 단순함에 대한 예찬론을 펼치기 전에 지금까지의 이야기를 간단히 정리해보겠습니다.

이번 장에서 인공지능이 맞이한 도전 과제는 "우리가 생각종이 접기를 할 때 현재의 성공이 미래의 실패가 되는 불편한 상황을 어떻게 해소할 것인가?"였습니다. 사과를 사과라 부르기 위해 많은 생각종이를 열심히 접는 행위와 그 성공이 오히려 미래에는 적용되지 않고 틀릴 가능성이 커질 수 있다는 아이러니한 상황입니다. 이렇게 어디서부터 잘못된 것인지, 해결은 가능한지조차 알 수 없는 당황스러움 속에서 수학자들은 확률이라는 카드를 이용해 극적인 타협을 이끌어내게 됩니다. 그 타협안이 바로 '구조적인 위험의 최소화 문제'입니다.

티호노프 정규화는 '구조적 위험의 최소화 문제'를 수학적으로

---

* Banach space representer theorem. 최근 연구(Parhi, JMLR 2021)에서는 바나흐 함수공간에서 정규화 문제의 해답의 형태를 제시하는데, 여기에는 사각화 선형 활성화 함수 Rectified linear unit 층을 건너뛰는 연결 구조Skip connection가 필수적입니다. 이 두 가지 요소는 현대 딥러닝에서 널리 쓰이고 있는 신경망(예: ResNet)에 이미 포함되어 있습니다. 성능이 좋은 딥러닝 구조를 먼저 발견하고, 이를 뒷받침하는 이론이 나중에 등장한 경우입니다.

형식화한 것으로, 미래에 실수할 가능성을 줄이기 위해 '단순함'을 추구합니다. 이 이론에는 내 머릿속 생각종이를 간결하게 접고 아껴 쓰는 습관을 키우고, 부수적으로 동반되는 현 시점에서의 실수의 위험은 기꺼이 감수하겠다는 멋진 철학이 깔려 있습니다.

우리는 이 단순함의 철학을 얕은 인공 신경망에 부여하기 위해, 사과에 대한 생각종이 접기 문제를 접힌 부분의 여백의 문제로 바꿔서 생각해보았습니다. 그 결과로 생각종이 접기 문제를 우리가 경험했던 물건들에 대해 경고 깃발을 세우는 쌍 문제로 볼 수 있다는 사실을 깨달았습니다. 이 모델이 2세대 인공 신경망인 서포트 벡터 머신이며, 티호노프 정규화 문제 관점에서 최적인 얕은 인공 신경망의 한 종류입니다. 결과적으로 얕은 인공 신경망은 생각종이 접기를 수없이 반복해야 하는 운명의 굴레로부터 벗어나게 됩니다.

편향성과 다양성 사이에서 찾은 해법

구조적인 위험의 문제에서 다루는 미래의 실패는 사실 두 얼굴을 가지고 있습니다. 컴퓨터 과학자들은 직관적인 방식으로 미래에 실수할 가능성을 두 가지 요소로 분해했는데요, 첫째는 잘못된 상황 인지로 인한 편향적 사고의 오류, 둘째는 현재 경험을 너무 믿는 것에서 생기는 다양성의 오류입니다.

첫 번째 실수 유형은 풀고자 하는 문제에 대한 우리의 해석 방법의 오류에서 생기는 편향적 오류Bias error입니다. 예를 들면 사과를 인식하는 문제에서 사과의 모양이 일반적으로 동그랗다는 사실에도 불구하고 이와 관련성이 적은 사각형에 관련된 특징(사과의 지름이 아닌 가로세로 비율 등)에 집착하는 것입니다. 이런 집착은 보통 잘못된 편견에서 비롯됩니다. 반대로, 지레 겁을 먹고 이도 저도 아닌 특징들을 가지고 아무리 씨름해봐야 실수를 줄이긴 어려울 겁니다. 미래의 실패를 피하기 위해 적절한 상황 파악이 무엇보다 중요합니다.

두 번째 실수 유형은 현재의 경험이 일반화될 것이라는 강한 믿음에서 생기는 다양성/분산의 오류Variance error입니다. 사과의 예제에서는, 지금껏 내가 보아왔던 사과들이 이 세상에 존재하는 모든 사과들을 대표한다고 믿는 경우를 생각해볼 수 있습니다. 이 경우 '나는 사과에 대해 충분히 공부했고 그 외에 다른 종류의 사과는 없다.'라고 자신하고, 이를 근거로 내 마음속 종이를 접어 사과라는 개념을 저장하게 됩니다. 과유불급입니다. 때로는 고집도 필요하지만 경험 앞에 겸손해야 합니다. 반대로 현재 경험에 대한 자신감이 너무 없다면 결국 아무것도 배우지 못하고 미래에 계속 실수를 반복하겠지요?

이와 같은 두 가지의 유형의 실수는 우리가 가진 편향적 시각, 집착, 근거 없는 자신감에서 비롯됩니다. 더욱 뼈아픈 사실은, 한 가지 유형의 실수를 줄이는 데 집중하다 보면 우리 자신도 모르는 사이에 다른 실수를 키우게 된다는 것입니다. 인공지능의 언어로 이를 편향–분산의 딜레마Bias-variance tradeoff라 합니다. 미래의 실패라는 문제가 거의 손에 잡히는 상황이었는데, 실패의 두 얼굴로 인해 범인은 다시 미꾸라지처럼 유유히 빠져나갈 것 같은 순간입니다. 그러나, 잠깐!

이 장의 핵심 레시피인 단순함의 추구(정규화)로 이 두 얼굴의 범인을 잡을 수 있습니다. 간결한 종이접기로 비유할 수 있는 단순한 생각들이 우리의 잘못된 편견들을 선명하게 드러내는 역할을 하여, 아이러니하게 첫 번째 유형의 실수(편향적 오류)를 줄이는 데 도움이 됩니다. 또한 단순한 생각만으로는 현재의 자잘한 경험들을 완벽하게 설명하지 못하기 때문에 근거 없이 과도한 자신감을 갖지 않도록 해줘서, 아이러니하게 두 번째 유형의 실수(다양성/분산의 오류)를 줄이는 데에도 도움이 됩니다. 이렇게 단순함은 편향과 다양성의 오류 사이에서 균형 잡힌 해법을 찾도록 도와줍니다.

최소 비용으로 얻은 최대의 효과

앞 장에서는 실패를 두 가지 유형으로 나눠보았다면, 이번에는 단순함 자체를 두 가지 유형으로 나눠서 생각해봅시다.

첫 번째는 구조적 단순함인데, 이는 사과라는 개념에 대한 생각 종이의 총량으로 비유해볼 수 있습니다. 인공 신경망에게 종이를 열 장, 백 장씩 넉넉하게 많이 주면서 사과라는 개념을 학습하라고 한다면 인공 신경망은 종이를 충분히 접으면서 여유 있게 해낼 겁니다. 주어진 물건들에 대해서도 사과다, 사과가 아니다, 하고 자신 있게 말할 수 있겠지요. 그러나 앞서 설명한 구조적인 위험 이론에 따르면, 이 경우에는 미래에 실패할 위험도가 높아집니다. 반대로 인공 신경망에게 단 한 장의 종이만 주면서 사과를 학습하게 한다면 이리저리 힘들게 접으면서도 주어진 물건들이 무엇인지 다 맞추지는 못할 겁니다. 그러나 아껴 쓴 만큼 미래에 실패할 위험이 줄어듭니다. 이렇게 구조적인 단순함의 추구가 가지는 장점에 대해서는 이제 쉽게 공감하실 수 있을 겁니다.

두 번째는 기능적 단순함인데, 이는 특정한 사과를 사과라 부르기 위해 얼마나 복잡하게 접힌 생각종이들이 필요한지,* 다르게 표현하면 현재 경험하고 있는 물체가 생각종이의 접힌 면에 얼마나 가깝게 찍히는지로 비유해볼 수 있습니다. 앞서 열 장의 종이로 구성된 인공 신경망에게 사과를 보여줄 때, 어떤 생각종이에서 접힌 면에 멀리 찍히는 경우에는 개념적으로 명확한 것으로 볼 수 있고, 접힌 면에 가깝게 찍히는 반대의 경우에는 개념적으로 아직 불확실하므로 더 많은 생각종이들을 봐야 한다는 것을 의미합니다.

사과와 사과가 아닌 것들을 잘 구분할 수만 있다면야 종이를 한 장만 보고 알든, 열 장을 모두 보고 알든 노력의 차이가 크지 않을

---

* 공학적으로는 효율(computational load, complexity)로 불리며, 뇌과학에서는 인지자원(cognitive load, cognitive resource)으로 불립니다.

것입니다. 하지만 현실 세계의 우리는 사과만 구분할 줄 알아서는 부족합니다. 귤, 딸기, 밥, 엄마, 아빠, 친구들 등 수천 가지 수만 가지 경우와 상황을 구분하고 판단할 수 있어야 합니다. 이 경우 하나의 생각을 만들어내기 위해 들이는 노력의 작은 차이가 수천 수만 가지 경우의 수와 곱해지므로, 까다로운 문제가 됩니다.

이제 최소한의 자원(메모리)으로 최대의 효과를 만들어내야 하는 상황이 발생했습니다. 해결할 수 있는 가장 쉬운 방법은 티호노프 정규화 문제에 기능적 단순함이라는 잣대를 추가하는 것입니다.(인공지능에서는 이 문제를 희소 표상Sparse representation 문제라 부릅니다.) 이 방법은 이렇게 표현할 수 있습니다.

'우리가 미래에 실패할 가능성 = 현재의 실수 + 구조적 복잡함 + 기능적 복잡함'

실제로 희소 표상이라는 잣대를 사용해 인공 신경망들을 학습시키면 미래의 실패 가능성이 줄어든다는 많은 이론적·실증적 연구 결과들이 있습니다. 인공지능에서는 형식화의 한계로 인해 구조적 단순함과 기능적 단순함을 분리해서 다루고 있지만, 사실 이 두 가지 단순함은 얽히고설킨 관계입니다.

지금까지 설명한 단순함의 장점은 최소 비용-최대 효과라는 경제적 원리의 관점에서 해석할 수 있습니다. 구조적 단순함은 생각종이라는 자원 관점에서, 기능적 단순함은 생각의 양이라는 에너지 관점에서 최소 비용을 추구하는 것입니다. 그리고 단순함을 추구함으로써 얻고자 하는 미래의 성공은 최대 효과에 해당됩니다.

경제적인 관점에서는 보통 최소 비용과 최대 효과가 상충하는 개념이지만, 지능이 추구하는 단순함은 최소 비용을 추구함으로써 최대 효과를 얻는다는 측면에서 놀라운 역발상이 아닐 수 없습니다!

인공지능이 추구하는 단순함

이번 장에서는 정규화라는 인공 신경망의 기능적 단순함에 대한 이야기를 주로 다루었습니다. 물론 인공 신경망은 구조적 단순함을 추구하는 문제에 대해서도 고민해왔습니다. 신경망의 가지 치기 Pruning라는 세부 문제에서는 다양한 방식으로 신경망의 구조를 단순화하는 시도를 해왔는데, 대부분의 연구들은 초기 신경망의 일부 연결을 무력화시키는 마스킹을 찾는 문제로 요약할 수 있습니다.

이 문제와 관련하여 최근 주목받는 아이디어는 복권의 가설Lottery ticket hypothesis이라는 접근 방법입니다. 가설은 다음과 같습니다.

'학습되지 않은 임의의 심층 신경망의 일부분을 떼어내서 따로 학습시키는 과정을 반복하면 원래의 전체 신경망을 학습시켜 얻는 성능과 유사한 경우를 찾을 수 있다.'

물론 더 업그레이드된 버전도 있습니다.

'학습되지 않은 임의의 심층 신경망의 학습 초기에 일부분을 떼어내서 따로 학습시키는 과정을 반복하면 원래의 전체 신경망을 학습시켜 얻는 성능보다 더 좋은 경우를 찾을 수 있다.'

구조적 단순함의 추구는 학습 초기에 가지 치기가 신경망의 발달에 매우 중요한 역할을 한다는 것을 뜻하고, 발달인지 분야에서 이야기하는 결정적 시기Critical period와 비교될 수 있습니다. 결정적 시기는 복잡한 우리 뇌가 단순함을 추구하는 시기로 다음에서 좀 더 이야기하겠습니다. 이러한 가설들은 다양한 종류의 데이터와 다양한 학습 방법에 대해 검증이 이루어지면서 점차 믿을 만한 방식으로 자리잡아 가고 있습니다.

이 방법은 인공 신경망의 가지 치기를 잘만 하면 신경망의 복잡도를 획기적으로 줄일 수 있다는 멋진 주장이지만, 실제로 구현하는 과정에서는 약간의 모순점이 생깁니다. 학습을 잘하기 위해 가지 치기가 필요한데, 가지 치기를 위해서는 여러 번 학습해야 한다는 점입니다. 가지 치기를 위한 소모적인 학습의 효율성을 높이는 후속 연구들이 활발히 진행되고 있습니다. 심지어는 아예 사전 학습 없이 바로 가지 치기를 하겠다는 시도도 이루어지고 있습니다. 그러한 시도에서는 먼저 1장에서 소개한 오차 역전파 방식을 이용해 초기 학습을 진행하고 가지 치기를 하는 과정을 진행했는데, 그 결과 자칫 인공 신경망의 중요한 루트들을 회생 불가능한 정도로 끊어버리는 사고로 이어지는 결과가 발생했습니다.(레이어 붕괴Layer Collapse라고도 불립니다.) 핵심은 인공 신경망의 맥Synaptic flow을 끊지 않고 가지 치기를 하는 것에 있습니다. 우리 뇌는 성장하는 초기에 뇌세포 간 연결이 끊기면서 점차 기능적으로 안정화되는데, 어쩌면 이 과정 속에 그 비밀이 숨겨져 있을지도 모릅니다.

복잡한 뇌가 추구하는 단순함

구조적 단순함의 추구라는 우리 뇌가 추구하는 단순함의 철학은 언어나 교육 분야에서 이야기하는 결정적 시기에 드러납니다. 예를 들면, 새로운 언어를 습득하기 위한 가장 이상적인 시기는 대략 2세에서 초등학교 시절까지라고 봅니다. 이 시기는 뇌세포의 연결성이 끊어지면서 안정화되는 시기와 일치합니다. 구조적 단순함을 추구하는 시기라 할 수 있겠습니다.

재미있는 사실은 뇌세포의 연결성이 끊어지는 시기가 인간의 기능별 발달 시기와 연관되어 있다는 것입니다. 유아기와 청소년기로 이어지는 성장 과정을 보면, 보고 듣는 감각 능력이 가장 먼저 발달하고, 언어 능력이 그다음, 상위 인지능력이 가장 나중에 발달합니다. 이는 각 기능적 필요에 따라 이루어지는 것으로 볼 수 있으며, 발달 순서에 따라 해당 뇌 부위별 뇌세포 간 연결성 측면에서의 구조적 단순화가 이루어진다는 점에서, 학습을 위한 최적의 세팅으로 볼 수 있습니다.

우리 뇌가 기능적 단순함을 추구한다는 증거는 이를 뒷받침하는 다양한 가설들을 통해 살펴볼 수 있습니다. 신경과학 분야에서 관련된 대표적인 사례는 '제니퍼 애니스톤 뉴런'의 발견입니다. 2000년대 초반 UCLA 연구팀에서는 인간 피험자에게 여러 영화배우들의 사진들을 보여주며 동시에 내측두엽 부위Medial temporal lobe의 신경 활성도를 관찰했습니다. 그 결과 각각의 영화배우에 대해서만 선택적으로 반응Specificity하는 신경세포가 있으며, 이 신경세포의 반응 패턴은 해당 영화배우의 얼굴 각도나 의상과 상관없이 나타났습니다. 이는 한 명의 영화배우를 안정적으로 인지하기 위해 활성화되는 뇌세포의 개수가 뇌 영역의 수백만 개의 신경세포 중 지극히 적다는 희소 표상*을 의미합니다. 또한 인간의 시각피질 중 V1 영역**에 대한 최근 연구에서는 특정 풍경에 선택적으로 반응하는 신경세포는 전체의 0.5%에 불과하다는 것을 발견하였고, 인공 신경망을 이용해 이 신경세포들을 분석해 이 신경세포들이 풍경을 구분하는 데 충분한 양의 정보를 담고 있다는 것을 보였습니다.

에너지 효율성은 인공 신경망에서는 명시적으로 정의된 구조적 단순함과 기능적 단순함을 다루고 있지만, 우리의 뇌는 구조적 단순함의 추구를 통해 기능적 단순함을 얻는, 훨씬 세련된 방식을 사용하고 있는 것으로 보입니다. 또한 일반적으로 인공지능 시스템(워크스테이션 기준)은 무게가 최소 10kg이 넘고 시간당 1000watt 이상(약 800kcal)의 에너지를 소모합니다. 그에 비해 인간의 뇌는 1kg이 약간 넘는 가벼운 무게로 시간당 약 20kcal의 에너지를 소모합니다. 이를 비교해보면 뇌가 적어도 400배 이상의 효율적이라고 할 수 있습니다. 또한 인공지능 시스템은 각각의 작업(물체 인식, 로봇 제어 등)별로 학습시켜야 하는 데 비해, 인간의 뇌는 단일 개체로서 수많

---

* 계산뇌과학 분야에서는 희소 코딩Sparse coding이라 불립니다.
** 뇌의 후두엽에 위치한 일차시각피질 영역으로, V1-V2-V4-IT와 같은 시각피질의 기능적 계층구조에서 첫 번째 영역에 해당됩니다.

은 일들을 배울 수 있습니다. 이렇게 따져보면 인간의 뇌는 현재 인공 신경망에 비해 적어도 몇만 배 이상의 효율성을 가지고 있다 해도 과장이 아닙니다.

인간의 뇌가 가진 무한한 잠재력에 대해 말해봅시다. 비록 인간은 종종 단순화에 어려움을 겪고 올바른 결정을 내리지 못할 때도 있지만, 여러분의 하드웨어인 뇌라는 시스템은 인공지능 시스템에 비해 적어도 몇만 배 이상의 에너지 효율성으로 태생적으로 단순함을 추구합니다. 이를 통해 현재의 성공과 미래의 성공을 이을 수 있고, 비편향적 다양성을 추구하며, 이러한 최소 비용으로 최대 효과를 얻을 수 있는 놀라운 능력을 발휘합니다.

어쩌면 인간의 뇌에 숨겨진 90%의 잠재력은 여기에 있는 것이 아닐까요?

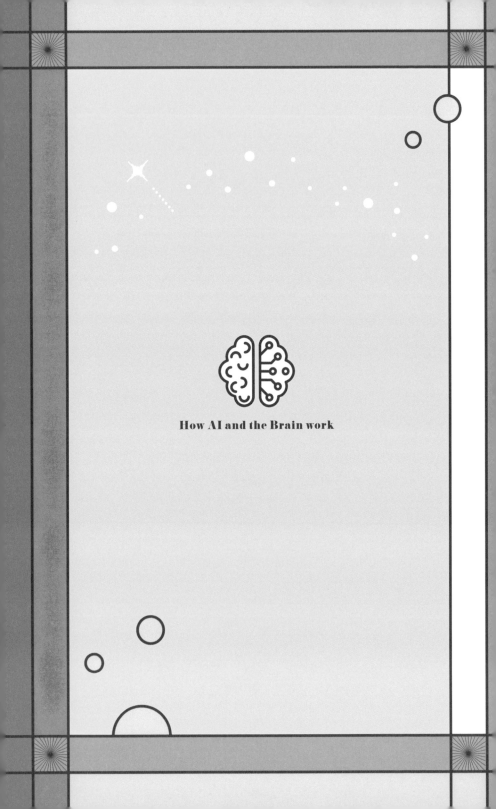

How AI and the Brain work

3장

민감한 만큼
둔감해지니
전체가 보인다

민감하면서 둔감해지고 싶은 인공 신경망 이야기

○ ■ ●

1장에서 인공 신경망은 생각종이 접기라는 일차원적인 방식으로 경험에서 개념을 추상화하는 능력을 얻었고, 이어 2장에서는 생각종이의 여백을 이용해 현재의 경험으로 미래를 여는 열쇠를 얻게 되었습니다. 이제 열쇠를 넣고 돌리기만 하면 소원이 이루어질 것만 같습니다.

그런데 우리가 1장의 여정을 떠나면서 만났던 추상적 개념 형성 문제가 아직 완전히 풀린 것은 아닙니다. 마지막 퍼즐의 한 조각이 남아 있으니, 그것은 바로 '올바른 개념 형성을 위해서는 현재 경험의 디테일에 민감하게 반응해야 하고, 동시에 경험의 다양성에 가볍게 흔들리지 않아야 한다.'라는 까다로운 문제입니다. 민감하면서도 둔감해야 한다는 자가당착적인 요구 조건은 인공 신경망을 수십 년 동안 괴롭혀온 두통거리였습니다.

이번 장은 인공 신경망이 생각종이를 필터로 사용하는 꾀를 내어 민감함과 둔감함의 딜레마를 멋지게 풀어내는 이야기입니다. 생각종이 필터는 현재의 디테일에 충분히 민감하면서도 다양한 경험에도 쉽게 흔들리지 않습니다. 걱정거리가 없어진 신경망은 2장에서 이야기했던, 반드시 단순한 생각을 통해서만 개념의 추상화가 가능하다는 구속으로부터 자유로워지게 됩니다. 이제 신경망은 안정적인 개념 추상화라는 탄탄한 기반 위에서 마천루를 쌓기 시작하고, 바야흐로 딥러닝의 시대의 문을 활짝 엽니다.

그러나, 딥러닝의 마천루가 높다 하되 대뇌피질 아래 뫼이로다. 이번 장의 마지막은 마천루의 높이로 따지자면 단연 1위의 자리를 고수하고 있는 인간의 대뇌피질에 대한 이야기입니다. 우리의 뇌는 1장부터 3장까지 인공 신경망이 어렵게 풀어낸 모순적 문제들에 대한 해답을 이미 가지고 있습니다. 대뇌피질이라는 마천루의 꼭대기 층에서 드디어 전체가 보입니다.

인공 신경망은 이제 처음으로 뇌 신경망과 마주치는 길목에 섰습니다. 고속 엘리베이터를 타고 마천루의 꼭대기로 올라가는 즐거운 경험이 되길 바랍니다!

1

민감함과 둔감함의 딜레마

민감함과 둔감함의 사이, 그 어딘가

이제 인공 신경망은 추상적 개념 형성에 있어 가장 큰 걸림돌이었던 추상화의 자가당착 문제를 정면 돌파하려 합니다.

인간의 유한한 기억력(결코 단점이 아니며 강력한 무기입니다. 5장에서 이어집니다.)을 보상하기 위해 다시 한 번 사과를 예로 들어 설명하겠습니다. '사과'에 대한 추상적 개념을 만들어내기 위해서는 현실 세계의 사과가 가진 다양성을 나름의 방식으로 풀어내야 합니다. 현실의 사과는 덜 익은 사과, 빨갛게 익은 사과, 노란 사과, 깨진 사과, 먹다 남은 사과, 플라스틱 모형 사과, 달콤한 사과, 시큼한 사과, 백설공주의 독사과 등 종류가 다양한데, 이 다양성 속에 숨겨진 중요한 특징들에 집중해야 사과의 본질에 접근할 수 있습니다. 이 과정을 사과의 특징 연관 짓기 문제라 소개한 바 있습니다.

먼저 사과의 특징들을 날카롭게 짚어내는 민감한(High specificity/

sensitivity) 인공 신경망이 되어봅시다. 정말 민감한 신경망은 사과가 아니지만 사과인 척하는 것들을 잘 걸러내고, 진짜 '사과'만 알아볼 수 있습니다. 그러나 이에 대한 부작용으로 덜 익은 사과, 먹다 남은 사과와 같이 사과 범주의 경계선에 있는 것들은 놓치게 됩니다. 민감함만을 앞세우면 현실 세계의 다양성을 포용하지 못하게 된다는 뜻입니다. 현실 세계의 다양성에 흔들리지 않는 둔감함Invariance이 요구됩니다.

그렇다면 둔감함을 키우기 위해 아주 너그럽게 이런저런 특징들을 마구 연관 지어봅시다. 결국에는 사과 비슷하게 생긴 모든 것을 '사과'라 하게 되겠지요. 문제는 플라스틱 모형 사과를 볼 때도, 사과 모양의 당구공을 볼 때도 '사과!' 하고 외치게 된다는 것입니다. 이 경우 현실 세계의 다양성에 흔들리지 않는 둔감한 인공 신경망이 될 수 있으나 결과적으로는 날카로운 디테일, 즉 민감함을 잃어버리게 됩니다. 그럼 도대체 어쩌라는 것이냐! 사과에 대한 이유 있는 짜증이 생깁니다.

현실 세계의 다양한 사과들에 깔린 본질을 이해하겠다는 목적을 가지고 시작한 개념의 추상화 과정은 바로 현실 세계의 다양성으로 인해 자가당착에 빠지게 됩니다. 이 문제를 민감함과 둔감함의 딜레마Specificity-invariance dilemma라고 합니다. 이러한 문제에 대해 접근할 수 있는 옛 가르침은 바로 중도中道를 지키는 것입니다. 민감함과 둔감함의 사이, 그 어딘가에서 멈추고 둘 다 어느 정도 내려놓는 것입니다. 뭐 그렇게 나쁘지만은 않습니다.

민감함과 둔감함이라는 두 마리 토끼

그런데 욕심 많은 인공 신경망은 내려놓지 못합니다. 더 나아가 두 마리 토끼를 다 잡고 싶습니다. 현실 세계의 다양성에 흔들리지 않는 둔감함, 그리고 그 와중에 날카롭게 특징을 잡아내어 사물의 본질에 다가가는 민감함. 이 두 가지를 합쳐 '둔감한 민감함'이라고 해두겠습니다. 이것이 바로 이번 장에서 인공 신경망이 풀어야 할 숙제입니다.

왜 굳이 두 마리 토끼를 모두 잡으려 할까요?

생각종이 접기 문제로 돌아와 생각해봅시다. 고차원적인 개념의 추상화를 위해 생각종이를 여러 번 접을 수 있는데, 중도의 길을 걷게 되면 생각종이가 쌓여갈수록 잃어버리는 민감함과 둔감함의 양이 점차 커지게 됩니다. 생각의 깊이가 깊어질수록 더 많은 것을 내려놓을 수밖에 없고, 결과적으로 여러 층의 생각종이를 거쳐 개념의 본질에 다가간다고 느끼지만, 실제로는 민감하지도 둔감하지도 못한 이도 저도 아닌 개념에 머물러 오히려 본질에서 멀어지는 모순의 감옥에 갇히고 말게 됩니다.

이것이 바로 인공 신경망이 개념의 추상화를 위해 많은 층을 쌓을 수 없었던 중요한 이유 중 하나입니다. 만약에 민감함과 둔감함이라는 두 마리 토끼를 다 잡을 수만 있다면, 별다른 걱정 없이 생각종이를 많이 쌓을 수 있을 것이고, 그만큼 우리가 가지게 될 추상화된 개념의 깊이는 깊어지게 될 겁니다.

생각종이 접기 방식을 사용하는 얕은 인공 신경망은 지난 수십 년간 민감함과 둔감함, 그 사이의 어딘가에서 길을 잃고 발버둥 쳐 왔습니다. '민감하면서 둔감한 개념의 추상화'는 과도한 욕심이 아 닙니다. 현재의 경험으로부터 미래의 성공을 만들어내는 여정에서 '단순함의 추구'라고 하는 단 하나의 열쇠만 손에 쥐고 있었던 인공 신경망에게, 복잡함을 추구해 발생하는 위험을 상쇄시키는 강력한 무기가 생기게 되는 것입니다.

민감하면서 둔감하기는 바로, 인공 신경망이 급속히 성장할 수 있는 성장판을 열어주는 비밀의 열쇠입니다.

2

생각의 거름종이

첫 번째 열쇠, 필터링

그렇다면 우리는 어떻게 민감함과 둔감함이라는 두 얼굴을 가진 생각종이를 만들어낼 수 있을까요? 이 딜레마를 괜찮은 방식으로 풀어내는 것이 현대 딥러닝에서 가장 널리 사용하는 컨벌루셔널 신경망입니다.

특징들을 스캔하듯 걸러내는 연산을 합성곱 또는 컨벌루션 Convolution이라 합니다. 이 컨벌루션이라는 연산은 인공 신경망에서 새롭게 만들어진 것은 아니고, 덧셈, 뺄셈, 곱셈, 나눗셈과 같이 수학에서 많이 쓰는 연산자 중 하나이자 현재 디지털 문명의 중요한 일꾼입니다. 컨벌루션을 단순하게 본다면 커피 필터 정도를 상상할 수 있겠지만, 사실 우리의 디지털 세상은 컨벌루션이 가진 필터링 능력으로 돌아가고 있다고 해도 과언이 아닙니다. 몇 가지 실생활 예를 들겠습니다.

우리가 찍는 사진들, 우리가 보는 TV, 인터넷 동영상, 영화, 음악 등 대부분의 디지털 콘텐츠들은 컨벌루션이라는 연산을 통해 좀 더 작은 크기의 데이터로 압축됩니다. 디지털 압축의 목적에는 데이터 크기를 줄여 전송을 빠르고 쉽게 하기 위함도 있지만, 우리가 인지하지 못하는 수준의 정보를 제외하고(=필터링) 남은 핵심 정보를 이용해 원래의 데이터를 (우리가 느끼지 못하는 수준에서) 손실 없이 복원하기 위함이기도 합니다.

라디오, 무선랜wifi, 블루투스, 핸드폰 같은 통신 수단은 주파수를 이용하는데, 우리가 보고 들을 수 있는 낮은 주파수 대역의 정보들을 잘라내어(=필터링) 통신 채널에 해당되는 고주파(93.1 MHz, 2GHz, 4G LTE, 5G 등)에 실어주는 것도 모두 컨벌루션 덕분입니다. 물론 고주파 통신 채널에 실려오는 신호를 다시 우리가 보고 들을 수 있는 주파수 대역으로 낮춰주는 방식에도 컨벌루션을 이용합니다. 여기서 끝이 아닙니다. 원하지 않는 잡음Noise이 들어 있는 사진이나 동영상을 깨끗하게 만드는 과정에서도 컨벌루션을 이용해 잡음을 필터링합니다. 노이즈 캔슬링 이어폰과 헤드폰도 유사한 원리입니다. 외부 환경의 잡음을 필터로 만들어 역필터의 원리로 이들을 상쇄시켜주는 과정 역시 컨벌루션이라는 연산을 바탕으로 이루어집니다.

마지막으로 한 가지 더. 자동차, 로봇, 엘리베이터, 비행기 등 디지털 신호로 제어하는 모든 기기들 역시 컨벌루션을 이용한 분석으로 시스템을 안정화시키고 높은 신뢰도를 확보하게 됩니다. 조금

과장을 섞는다면 우리가 편안하게 운전할 수 있는 것, 공장의 로봇들이 정확하고 빠르게 움직이는 것은 모두 컨벌루션이 있기에 가능하다 할 수 있습니다.

앞서 얕은 인공 신경망에서는 곱하기, 더 정확히 말하면 벡터의 내적Dot product연산을 사용해서 입력 패턴과 신경망의 가중치 프로파일에 곱하는 방식으로 유사성을 측정하는 반면, 컨벌루셔널 신경망에서는 입력 패턴을 따라 신경망의 가중치 프로파일을 스캔하듯이 이동시키면서 곱하는 방식으로 유사성을 측정합니다.

앞에서 계속 사용한 생각종이를 이용해서 이제부터 컨벌루셔널 신경망의 비밀을 풀어보겠습니다. 이 신경망은 1장과 2장에서 다뤄왔던 얕은 신경망에 비해 크게 두 가지가 다릅니다.

첫 번째로 생각종이를 사용하는 방식이 다릅니다. 여기서는 생각종이를 이전처럼 접는 방식이 아니라, 필터로 사용합니다. 앞서 얕은 신경망에서는 사과의 특징들이 내 생각종이의 어느 위치에 찍히는지 보았다면, 여기서는 생각종이를 마치 커피 필터처럼 사용해서 우리가 원하는 특징들을 스캔하듯이 걸러내고 얼마나 필터를 통과하는지 관찰합니다. 이 과정을 컨벌루션 또는 합성곱이라 부르며, 기존의 생각종이 접기 방식을 생각종이 필터로 대체한 신경망을 컨벌루셔널 신경망이라 부릅니다.

신경망의 입력과 신경망의 가중치를 컨벌루션한다는 것은, 우리가 관측하는 현실 세계의 패턴 중에서 신경망의 가중치 프로파일과 일치하는 부분만을 걸러내는 것을 뜻합니다. 이는 일종의 필터링

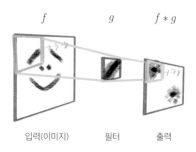

f g $f * g$

입력(이미지)   필터   출력

그림 1 2차원 컨벌루션 연산의 예시. 특정 패턴을 표상하는 필터(생각종이)가 입력된
2차원 정보를 스캔하듯이 보면서 필터의 패턴과 얼마나 일치하는지를 계산해냄.

과정으로 볼 수 있는데, 특정한 주파수의 신호만 잘라내는 가위와
같은 역할을 합니다.

컨벌루셔널 신경망은 주기적인 신호로 세상의 패턴을 해석해내
는 주파수의 세계에서 동작하는 전통적인 인공 신경망으로 볼 수
있습니다. 비유해보자면, 컨벌루셔널 신경망은 우리가 사는 시공
간에서 동작하던 생각종이 접기 신경망을 그대로 주파수 공간으로
옮겨놓은 것입니다. 주파수 공간에 가둬놓은 생각종이 접기 신경
망을 우리가 사는 시공간에서 바라보면 생각종이 필터 신경망의 모
습으로 볼 수 있다는 것입니다.

이것은 도대체 무슨 말인가? 이해를 돕기 위해, 영화 〈인터스텔
라〉에서 지구의 딸이 특이점에 갇힌 아버지의 존재를 간접적으로
느끼는 장면을 보겠습니다. 특이점에 갇힌 아버지 자신을 순방향
생각종이 접기 신경망이라 한다면, 지구에서 딸이 느끼는 아버지
의 존재를 생각종이 필터 신경망이라 할 수 있습니다.

이 비유의 요지는 크게 두 가지로 정리할 수 있습니다. 첫째, 컨벌루션은 우리가 인지하는 실제 세계와 주파수로 표현되는 특이한 세계를 이어주는 통로 역할을 하는 고마운 존재라는 것. 둘째, 생각종이 필터는 주파수의 세상에서 기존의 생각종이 접기를 하는 것으로 볼 수 있다는 것입니다.

컨벌루션에 대한 짧은 소개는 이쯤에서 마무리하고, 이번 이야기의 핵심 포인트로 돌아와 봅시다. 과연 컨벌루션으로 만들어지는 생각종이 필터는 민감하면서 둔감할까요? 네, 그렇습니다. 생각종이 필터는 민감함과 둔감함의 두 얼굴을 모두 가지고 있습니다. 필터링 자체가 우리가 원하는 특징은 남기고 원하지 않는 특징들을 걸러내는 역할을 하기 때문에 민감하다고 할 수 있고, 또 이러한 특징들을 스캔하듯이 찾아내기 때문에 자잘한 변화에 어느 정도 둔감한 부분도 가지고 있습니다. 기존의 생각종이 대신 생각의 거름종이를 사용하는 작은 변화만으로, 민감하면서도 둔감한 개념의 추상화라는 궁극적인 목표에 한 발 다가선 느낌입니다.

두 번째 열쇠, 편견 없이 귀 기울이기

컨벌루셔널 신경망의 두 번째 비밀은 여러 가지 생각종이들을 연결하는 방식입니다. 앞서 1장의 2층짜리 신경망을 다시 상상해 봅시다. 두 번째 층의 생각종이는 첫 번째 층에 존재하는 여러 개의 생각종이가 뽑아낸 특징들의 정보를 받게 됩니다. 전통적 개념의 신경망에서는 첫 번째 층의 생각종이들이 찾아낸 모든 특징을 다 받아서 종이접기 방식을 반복하며 더욱 고차원적인 개념을 만들어 나갔지만, 컨벌루셔널 신경망에서는 첫 번째 층의 생각종이들 중 가장 자신 있게 깃발을 드는 하나만 뽑아 쓰는 방식을 사용합니다. 이 '생각 뽑기' 방식을 인공 신경망에서는 풀링Pooling 또는 서브 샘플링Subsampling이라 부릅니다.

다시 우리에게 친숙한 사과의 개념화 문제를 생각해봅시다. 첫 번째 층에는 생각종이 필터 삼형제 A, B, C가 있고, 각각의 생각종이는 각자 자기만의 방식으로 사과의 특징을 필터링(컨벌루션)해냅니다. 생각종이 필터 A는 덜 익은 초록 사과의 특징들을 잡아내고, 생각종이 필터 B는 빨갛게 익은 사과의 특징들을 잡아내고, 생각종이 필터 C는 썩은 사과의 특징들을 잡아낸다고 해봅시다.

이렇게 세 장의 생각종이 필터들이 만들어낸 서로 다른 개념들은 두 번째 층의 생각종이에게 전달되고, 두 번째 층의 생각종이는 이 정보들을 모아 뽑기 놀이를 시작합니다. 즉, 두 번째 층의 생각종이는 첫 번째 층의 생각종이 필터를 가장 많이 통과한 생각들만 선택적으로 받아들입니다.

만약 빨갛게 잘 익은 사과가 있다면 생각종이 필터 B만 통과했을 것이기 때문에, 두 번째 층의 생각종이는 이 내용을 그대로 받아들입니다. 그러나 만약 덜 익었지만 살짝 썩은 사과를 보고 있다면 첫 번째 층의 생각종이 필터 A를 통과한 양이 가장 많을 것이고, 생각

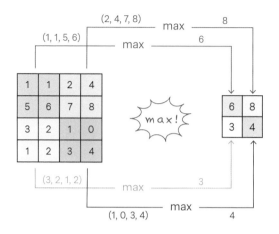

그림 2 풀링 연산의 예. 각 뉴런의 정보 수용 영역 안의 값들 중
최대값만을 취하는 인공 신경망의 계산 방식 중 하나.

종이 필터 C를 통과한 잔여물도 어느 정도 있을 겁니다. 이 경우 두
번째 층의 생각종이는 가장 많은 정보를 통과시킨 필터, 즉 가장 큰
목소리를 내는 생각종이 필터 A의 말에만 귀 기울입니다.(목소리 큰
사람이 이깁니다!)

비교를 위해 잠시, 1장에서 이야기했던 전통적인 인공 신경망이
라면 이 상황을 어떻게 받아들일지 생각해봅시다. 두 번째 층의 생
각종이는 첫 번째 층의 생각종이 필터 삼형제 모두의 말에 귀 기울
여 종합적으로 받아들입니다. 전통적 인공 신경망은 언제나 모두
의 말에 공평하게 귀 기울이고 아무리 작은 목소리도 무시하지 않
기 때문에 세상에 민감하게 반응할 수 있지만, 반대로 잘못된 의견
에 흔들릴 수 있습니다. 균형 잡혀 있지만 변하지 않는 수용 방식은

변화하는 세상의 다양성을 수용하기에 무리가 따르겠지요.

다시 컨벌루셔널 신경망으로 돌아와서 생각해보겠습니다. 풀링이라는 뽑기 방식의 연산을 사용하는 컨벌루셔널 신경망은, 확신에 차서 가장 큰 목소리를 내는 생각종이 필터의 의견을(그것이 누구든지) 적극 수용합니다. 그리고 평소에 아무리 특징들을 잘 걸러내던 생각종이 필터가 있더라도 현재 유의미한 정보를 제대로 전해주지 못하고 있다면(분명한 목소리를 내지 못하고 있다면) 과감하게 무시합니다. 매 순간 변화하는 세상의 다채로움을 수용하려면 유동적인 정보 수용 방식이 필요하다는 교훈을 줍니다.

풀링 방식이 가진 장점들을 어느 정도 설명했으니, 이번 이야기의 핵심 포인트를 점검해봅시다. 과연 풀링과 같은 뽑기 방식으로 생각종이를 전달하는 컨벌루셔널 신경망은 민감하면서 둔감해질 수 있을까요? 네, 그렇습니다. 이러한 뽑기 방식은 생각종이 필터의 엄격한 기준으로 거른 특징들을 수용한다는 측면에서 민감하지만, 큰 목소리를 내지 못하는 생각종이들의 의견은 과감하게 무시한다는 점에서 둔감합니다. 한 가지 덧붙이자면, 풀링은 이렇게 딜레마를 푸는 것뿐만 아니라 개념의 추상화 자체를 가속화시키는 역할을 합니다.

이렇게 인공 신경망은 컨벌루션이라는 생각종이 필터와, 풀링이라는 유동적 수용 방식을 결합하여, 민감하면서도 둔감한 개념의 추상화라는 궁극적인 목표에 한 발 다가설 수 있게 되었습니다.

딜레마 게임의 도우미, 지역 의견 수렴 위원회

앞서 민감함과 둔감함의 딜레마를 풀기 위한 두 가지 열쇠에 대해 이야기했습니다. 지금부터는 이 딜레마 게임을 좀 더 세련되게 풀어내기 위해 두 가지 열쇠에 공통적으로 적용되는 도우미에 대해 살펴보겠습니다. 게임의 첫 번째 도우미는 정보 수용의 범위, 즉 각각의 생각종이가 다른 생각종이들의 의견을 수렴할 때, 이 의견 수렴을 위한 위원회를 총 몇 장의 생각종이들로 구성하는가입니다. 비유하자면 작은 동네의 의견에 귀 기울여주는 일종의 '지역 의견 수렴 위원회'입니다.

생물학이나 뇌과학에서는 특정한 신경세포가 반응을 보이는 영역을 찾는 일이 중요한데요, 이를 정보 수용 영역Receptive field이라 합니다. 실험을 통해 특정 신경세포가 어떤 일을 하는지 알아내려면, 먼저 정보 수용 영역, 즉 그 세포가 반응하는 자극의 종류와 범위를 찾고, 이후 그 범위 안에서 변화하는 자극의 특성에 따라 세포가 어떻게 반응하는지를 관찰하면서 해당 세포의 역할에 대해 이해하게 됩니다. 생물은 태어나면서부터 정보 수용 영역이 어느 정도 고정되어 있지만, 인공 신경망에서는 정해진 것이 아무것도 없으므로 내 마음대로 정할 수 있습니다.

컨벌루션 연산을 사용하는 신경망에서는 특정 생각종이를 필터링하는 방식과 범위를 정보 수용 영역이라 할 수 있으므로, 이 범위를 전략적으로 잘 조절하면 민감함과 둔감함의 딜레마를 조금 더 유연하게 풀어낼 수 있겠지요? 우리가 관측하는 세상의 넓은 범위를 필터링하는 신경망은 큰 그림을 볼 수는 있지만 디테일을 놓치게 되므로 그만큼 미세한 특징들의 다양성에는 둔감해질 수밖에 없습니다. 반대로 작은 영역을 필터링하거나 스캔하는 방식에 특정한 제한을 두는 신경망은 세상의 다채로움을 나름의 방식으로 인정하는 것이라 볼 수 있습니다.

풀링 연산의 경우도 마찬가지로 생각종이 뽑기를 위한 범위를 정보 수용 영역이라 할 수 있으므로, 이 범위를 조절함으로써 민감함과 둔감함의 딜레마를 더욱 유연하게 풀어낼 수 있습니다. 민감함과 둔감함의 딜레마를 적극적으로 풀기 위해 유동적인 의견 수용을 무한히 강조하려면, 뽑기를 위한 정보 수용 영역, 즉 생각종이 후

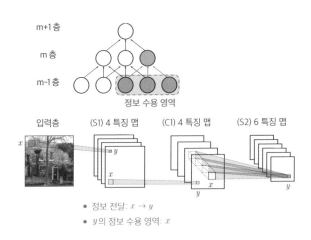

그림 3 인공 신경망의 다양한 국소적 정보 수용 영역.
(위: 얕은 인공 신경망, 아래: 컨벌루셔널 신경망)

보군을 마냥 크게 만들면 됩니다. 반대로 뽑기를 위한 생각종이 후보군을 작게 만들게 되면, 작은 의견에 더욱 귀 기울일 수밖에 없게 되므로 그만큼 민감해집니다.*

풀링 방식의 정보 수용 영역을 줄여 국소적인 후보군을 사용할 경우에는, 어떤 생각종이들이 같은 후보군으로 지정되어야 하는지가 중요해집니다. 유사한 특징들을 취급하는 생각종이 후보군을 지정할 것인지, 임의로 생각종이 후보군을 지정할 것인지는 인공 신경망을 만드는 사람이 정할 수도 있고, 인공 신경망이 학습을 통해 스스로 배우도록 만들 수도 있습니다. 고등 생물의 대뇌피질은 태어날 때부터 생각종이 후보군들이 아주 세심하게 정의되어 있어서, 민감함과 둔감함의 딜레마는 물론이고 더욱 복잡한 일들을 쉽게 할 수 있습니다.

지역 의견 수렴 위원회는 어떻게 구성할까?

앞서 설명한 딜레마 게임의 첫 번째 도우미인 정보 수용 영역은 '총 몇 장의 생각종이들'로 의견 수렴 위원회를 구성하는가로 볼 수 있었습니다. 딜레마 게임의 두 번째 도우미는 정보 수용의 국소적

---

* 만약 후보군이 생각종이 한 장이 되는 것과 같은 극단적인 경우에는, 뽑는 것 자체의 의미가 없으므로, 앞 단의 생각종이의 의견을 그대로 다음 생각종이에 전달하는 전통적인 인공 신경망의 전략과 같아집니다.

패턴, 즉 각각의 생각종이가 다른 생각종이들의 의견을 수렴할 때, 이 의견 수렴을 위한 위원회를 '어떠한 종류의 생각종이들'로 구성하는가입니다. 서로 비슷한 특징을 가지고 있는 생각종이들을 가까이 배치할 수도 있고, 반대로 서로 다른 특징을 가지고 있는 생각종이들을 무작위적으로 배치할 수도 있겠지요. 이는 각각의 생각종이가 외부 세상을 볼 때, 국소적으로 어떤 패턴들을 모아서 볼 것인지의 문제로 비유해볼 수도 있습니다. 이 문제는 일반적으로 국소적 정보 수용의 패턴Topographic map이라 불립니다.

컨벌루셔널 신경망과 같은 인공 신경망에서는 비슷한 특징과 범위를 가진 생각종이(뉴런)들을 가까이 배치합니다. 단순하게는 1, 2, 3, 4… / A, B, C, D…와 같은 형식으로 줄 세워 배치한 모습을 상상하시면 됩니다. 생각종이를 어떻게 배치하여 필터링할 것인가(1, 2, 3, 4… 또는 1, A, 2, B… 또는 1, 2, A, B… 등)는 당연히 민감함과 둔감함의 딜레마에 영향을 미칩니다.

예를 들어, 다른 생각종이들의 의견을 1, 2, 3, 4… / A, B, C, D…와 같이 단일 채널로 구성된 위원회를 통해 필터링하는 신경망은 세상의 1-2-3-4 또는 A-B-C-D 요소 각각이 가진 다양성에 민감하게 반응할 것이고, 반대로 1, A, 2, B…와 같이 다채널로 구성된 위원회를 통해 필터링하는 신경망은 1-2-3-4와 A-B-C-D 요소를 종합적으로 고려하는 것에 민감하게 반응할 것입니다. 즉, 위원회를 어떻게 구성하느냐, 생각종이들을 어떻게 배치하느냐에 따라 세상의 다채로움을 인정하는 방식이 달라집니다.

둔감한 개념의 추상화를 돕는 풀링 연산의 경우도 마찬가지의 방식으로 생각해볼 수 있습니다. 1, 2, 3, 4… / A, B, C, D…와 같이 단일 채널로 구성된 위원회에서 하나의 의견을 뽑는 신경망은 세상의 1-2-3-4 또는 A-B-C-D 요소 각각이 가진 다양성에 둔감해질 것입니다. 반대로 1, A, 2, B…와 같이 다채널 위원회로부터 의견을 뽑는 신경망은 1-2-3-4와 A-B-C-D라는 다른 관점들이 섞인 상황에 둔감해질 수밖에 없습니다. 세상의 다양한 측면들, 생각종이들이 보고 있는 다양한 특징들을 어떻게 묶어놓고 뽑기를 할 것인가에 따라 '둔감함'이라는 개념이 다르게 정의된다고 볼 수 있습니다.

여기서는 정보 수용의 국소적 패턴이라 불리는 인공지능의 두 번째 도우미에 대해 이야기해보았습니다. 이 도우미는 이제 민감함과 둔감함의 딜레마 게임을 풀어나가는 요령을 조금씩 터득해나가고 있습니다. 반면 우리의 뇌를 연산하게 해주는 도우미는 경험이 많고 더욱 세련된 전략을 가지고 있습니다.

개념 추상화의 도우미, 풀링

생각종이들의 의견을 수렴하는 풀링이라는 방식은 개념 추상화 과정에서 드러난 문제인 민감함과 둔감함의 딜레마를 푸는 데 도움을 주는 동시에 개념 추상화 자체에도 도움을 줍니다. 가장 큰 장점은 정보의 압축Data compression입니다. 예를 들어, 네 장의 생각종이로부터 의견을 받아 하나만 뽑는다면 4:1이 되며, 이러한 의견 수렴 과정을 두 번만 반복하면 16:1의 의견 수렴이 이루어진다고 볼 수 있습니다. 즉, 생각종이들의 층이 올라갈수록 생각종이들의 개수가 빠르게 감소하므로, 전체적인 신경망 관점에서 소모하는 생각종이의 양을 크게 절약할 수 있습니다. 생각의 단계를 거듭하면서 생각종이의 양을 급격히 줄여나가면, 결과적으로 더욱 추상적인 개념을 만들어 낼 수 있을 것입니다.

이와 같이 풀링에는 많은 장점이 있지만 이 혜택을 자유롭게 누리려면 몇 가지 기술적인 어려움을 극복해야 합니다. 첫째는 역변환이 되지 않는다는 것입니다. 풀링 연산을 통해 제안된 의견 중 하나를 선택하고 나면 우리 손에 남는 것은 제안된 의견 그 자체이고, 누가 제안한 것인지에 대한 정보는 사라지고 없습니다. 이 경우 나중에 오류가 발생해 생각종이를 고쳐 접거나 생각종이 필터를 조정하기 위해 생각을 거슬러 올라가야 할 때, 어느 생각종이를 고쳐야 하는지 역추적이 어렵습니다. 이를 보완하기 위해 이전 층의 모든 생각종이의 의견과 선택된 의견을 모두 함께 가져가거나(인공 신경망의 언어로 스킵 연결이라 부릅니다. 예: ResNet), 채택된 의견을 낸 생각종이가 누구였는지 정보를 함께 가져가는 등의 다양한 해결 방법들이 있습니다.

둘째는 미분이 매끄럽지 않다는 것입니다. 오차 역방향 학습을 수학적으로 구현할 때는 미분 가능해야 한다는 필수 조건이 있습니다. 물론 근사화 등의 잔기술을 부리면 미분 가능하게 만들 수 있습니다. 그러나 풀링 연산자로 인해 미분이 깔끔하지 못하다는 것은 결국 인공 신경망의 효율성에도 영향을 미치고, 또한 어느 생각종이를 고쳐야 하는지 역추적을 어렵게 한다는 것을 뜻합니다. 기술적으로 모두 해결되었다고 보는 이슈이지만, 인공 신경망 연구자들의 마음 한 켠에 남는 찝찝함은 감출 수 없습니다.

뇌 정보 수용의 국소적 패턴

생물학이나 뇌과학에서는 신경세포의 국소 대응 지도, 더 간단하게는 국소적 패턴이라 합니다. 국소적 패턴의 원리는 시각, 청각, 촉각과 같은 감각기관에서 가까운 신경세포들 사이의 관계가 해당 정보를 처리하는 뇌 안의 신경세포들의 배열에 특정한 패턴으로 반영된다는 것입니다.

뇌 신경망도 컨벌루셔널 신경망과 유사한 국소적 배열 패턴을 가지고 있지만, 그 패턴이 좀 더 특별합니다. 시각피질, 청각피질, 감각피질, 운동피질 등 영역에 따라 배열 패턴이 조금씩 다르긴 하지만, 공통적인 특징은 1, A, 가, 2, B, 나…와 같이 연속적인 다채널로 구성됩니다. 그리고 물체 인식을 담당하는 시각피질의 영역들(V4)이나

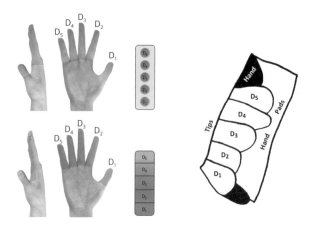

그림 4 인간의 감각피질의 국소적 패턴 예.

눈의 움직임과 주의집중을 담당하는 측두시각피질 영역들(LIP-FEF)과 같이 해부학적으로 연결된 뇌 영역들에서의 배열 패턴들 사이에도 연관성이 있습니다. 굳이 이름 붙이자면 '국소적 배열 패턴의 패턴'이라 할 수 있겠네요.

그렇다면 뇌의 국소적 배열 패턴이 가지는 장점은 무엇일까요? 첫째는 당연히 민감함과 둔감함의 딜레마를 더욱 유연하게 풀어서 성공적인 개념의 추상화를 만들어낸다는 점입니다. 둘째는 태아의 초기 발달 과정에 있어 효율적인 분화 방법이라는 것입니다. 기하급수적인 세포 분열이 일어나다 보면 아무래도 비슷한 성격을 가진 신경세포들이 가까운 곳에 위치하기 쉽겠지요. 가까운 미래에는 생물학적 신경망의 이러한 발달 원리가 인공 신경망에도 적용될 날이 오리라 생각합니다.

뇌의 국소적 배열 패턴이 가지는 주목할 만한 세 번째 장점은 학습 이전에 어느 정도의 자발적 추상화* 기능을 갖출 수 있다는 것입니다. 학습이 되지 않은 인공 신경망에 적용할 수 있는 사전 지식을 인공지능 분야에서는 귀납적 편향성Inductive bias이라 부르는데, 최신 인공 신경망의 적응력, 일반화 성능, 학습 가속화 등 다양한 장점이 있어서 많은 주목을 받고 있습니다. 이러한 관점에서 뇌의 국소적 배열

---

* 최근 KAIST 연구에서는 이러한 배열 패턴을 보이는 임의의 인공 신경망은 학습 없이도 숫자나 물체와 같은 세상의 개념을 어느 정도 이해할 수 있음을 보여줬습니다. 이는 인공 신경망에서 학습되지 않은 신경망의 일부분이 가진 잠재력 '복권의 가설'과도 연관됩니다.(2장 '인공지능이 추구하는 단순함', 90쪽 참조.)

패턴을 흉내 내는 인공 신경망은 차세대 인공지능 분야의 유망주 중하나라 할 수 있습니다.

마지막으로, 국소적 배열 패턴의 가장 중요한 장점은 바로 공간, 에너지, 시간의 효율성입니다. 신경의 가지, 즉 생각종이들 간의 연결부에 해당되는 신경세포의 수상돌기와 축삭돌기의 개수가 적어지고 길이가 짧아질수록 차지하는 공간이 줄어들게 됩니다. 다시 말해 가성비가 좋은 뇌가 된다는 말이지요. 그리고 신경의 복잡도를 잘 포용하는 방식으로 신경의 국소적 배열 패턴이 만들어진다면, 그만큼 멀리 있는 신경들끼리 소통할 일이 적어지므로 대사 에너지와 시간이 절약됩니다.

뇌 신경망의 국소적 배열 패턴이 어떻게 만들어졌을까요? 아직은 모릅니다. 우연적으로 발생한 패턴이라는 다소 무책임한(?) 시각도 있지만, 학계에서는 태아 발달 과정의 영향이라는 설명이 어느 정도 설득력이 있으며, 더 넓은 시간대로 보면 진화 과정의 영향이라는 관점도 있습니다.

3

전체를 이해하는 기술

이제 마음껏 복잡해지기

인공 신경망은 컨벌루션과 풀링이라는 두 가지 연산을 이용함으로써 개념의 추상화의 가장 큰 걸림돌이었던 민감함과 둔감함의 딜레마를 해결했습니다.(물론 뇌 신경망은 특별히 여기에 더해 뛰어난 정보 수용 능력까지 있으니 더 잘 풀어낼 수 있습니다.) 더욱 기쁜 소식은, 2장에서 다룬 개념의 추상화 과정에서 발생하는 모순을 극복하기 위해 굳이 단순하게 생각하지 않아도 된다는 것입니다. 이로 인해 인공 신경망은 마음껏 복잡해지면서 무한한 추상화를 꿈꿀 수 있게 되었습니다.

이제 무한한 개념의 추상화라는 꿈을 현실로 만들어볼 차례입니다. 인공지능은 컨벌루션 연산, 비선형 함수, 그리고 풀링 연산을 묶어서 빌딩 블록Building block이라 이름 붙였습니다. 컨벌루셔널 신경망은 각 층 안에 다양한 빌딩 블록을 배치하고, 이들을 층층이 쌓아나가는 식으로 구성됩니다. 또한 계층적인 보고 체계를 무시하고 몇 층을 건너뛰는 스킵 연결 등, 층간 정보 전달력을 높이면서 오차 역전파 학습의 효율성을 높이는 구조적인 변화를 꾀하기도 합니다.[*] 그리고 1장에서 소개한 오차 역전파 방식을 그대로 이용해 학습합니다.

컨벌루셔널 신경망 구조가 등장하면서 어떤 일들이 벌어졌을까요? 단순해야 잘 배우던 신경망이 이제는 복잡할수록 우등생이 되는 아이러니한 상황이 벌어지게 되었습니다. 2011년부터 2015년까지의 5년간 인공지능 물체 인식 분야에서 일어난 사건들을 중심으로 간단히 살펴보면, 2011년까지 생각종이 접기 방식의 얕은 신경망이 주도했던 물체 인식 대회에서 2012년에는 8층짜리 생각종이 필터로 이루어진 AlexNet이 1위를 차지했으며, 2014년에는 19층을 쌓은 VGG라는 이름의 컨벌루셔널 신경망과 22층의 GoogLeNet이 우승했습니다. 이어 2015년에는 무려 150층이 넘는 ResNet이 나타나 또 한 번의 큰 성능 향상을 보였습니다.[**]

---

*   ResNet과 같은 신경망들은 빌딩 블록을 단순히 많이 쌓기만 한 것은 아닙니다. 몇 층을 건너뛰어 정보를 전달하는 **스킵 연결**을 사용합니다. 스킵 연결은 중간에 뉴런의 개수를 과도하게 줄이면서 중요한 정보가 손실되는 부작용, 즉 **병목 현상**을 막아줍니다. 또한 역변환이 어려운 **풀링**으로 인해 오차 역전파가 어려워지는 부작용이나, 오차 역전파가 막히는 문제(Vanishing/exploding gradient)를 완화해주는 역할도 합니다.

** 2011년의 얕은 인공 신경망에 비하면 불과 5년 사이에 인공 신경망은 수백 배 이상 복잡해지고, 성능은 약 10배 이상 증가했습니다. 2015년 이후에는 더욱 새로운 구조로 진화하기 시작합니다. 2015년 이후 약 5년 동안, 인공 신경망은 더욱 복잡해지고 성능이 향상되었을 뿐만 아니라, 생각하는 방식에 있어서도 또 한 번 커다란 변화를 겪습니다. 이 이야기는 4장과 5장에서 이어집니다.

그림 5 딥러닝 시대를 연 인공 신경망 예.

2012년 영상기반 물체인식 대회 우승자: 컨벌루셔널 신경망 기반의 AlexNet

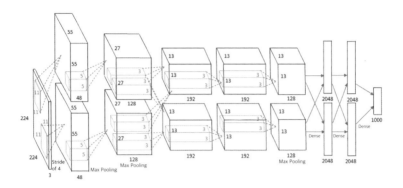

2014년 영상기반 물체인식 대회 우승자: 인셉션 모듈 개념을 추가로 도입한 GoogLeNet

2015년 영상기반 물체인식 대회 우승자: 스킵 연결을 도입한 ResNet

바야흐로 인공지능의 복잡함은 두려움 없이 급물살을 타게 되었습니다. 복잡함을 추구할 수 있는 자유와 이를 통해 무한한 개념의 추상화를 이룰 수 있는 가능성이 더해진 상황에서 인공 신경망은

딥러닝이라는 꿈을 꾸기 시작했습니다.

그리고 절반은 우연적으로, 절반은 필연적으로 인공 신경망은 뇌 신경망과 닮아가기 시작합니다.

생각의 홀로서기를 위한 여정

거대하고 복잡한 인공 신경망을 다루는 딥러닝의 시대에는 최적의 구조를 결정하는 것이 또 하나의 도전 과제가 되었습니다.(과거 단순한 인공 신경망을 사용하던 시절에는 논문을 보고, 구현하고, 몇 가지 시뮬레이션 변수들을 조정해보며 문제에 적합한 구조를 찾아나가는 일련의 과정이 크게 부담되는 일은 아니었습니다.) 딥러닝의 구조가 모듈화되고 많은 연구자들이 쉽게 사용할 수 있게 되면서 어떻게 하면 효율적인 신경망을 만들지에 대한 고민이 치열해졌고, 이에 따라 우등생 신경망 중에 최우등생을 찾아내는 일이 중요해졌습니다.

신경구조탐색Neural architecture search이라는 연구에서는 최적의 인공 신경망 구조를 찾는 문제를 사람 대신 다른 인공 신경망이 풀도록 만들었습니다. 과거에는 개인 연구자들이 인공 신경망의 모듈을 이리저리 바꿔보고 매개변수를 조정했다면, 신경구조탐색에서는 인공 신경망이 이 일을 대신할 수 있습니다. 더 나아가 구글에서는 데이터 세트와 문제 해결 조건 등을 보내면 클라우드를 기반으로 하며, 알아서 최적의 인공 신경망을 만들어주는 일종의 딥러닝

공장 서비스를 제공하고 있습니다. 물론 효율적 신경 구조 검색을 위한 네트워크 형태인 오토케라스Autokeras와 같이 개인 연구자들이 직접 만들어볼 수 있는 프로젝트도 있습니다.

이러한 자동 기계학습AutoML 연구 분야는 인공 신경망의 복잡도를 안정적으로 높여가는 데에 많은 도움을 주고 있습니다. 현재 기술은 최적의 신경망 구조를 찾아주고 대신 학습시키는 수준이지만, 언젠가는 인간이 미처 생각하지 못한 새로운 신경망 구조와 계산 모듈을 찾아내어 우리를 놀라게 할지도 모릅니다.

부분과 전체의 모순, 제1라운드

인공지능이 딥러닝의 꿈을 꾸기 시작하면서, 좋은 소식과 나쁜 소식이 생겼습니다. 좋은 소식은 딥러닝을 이용해 무한한 세상으로 나아갈 수 있다는 것이고, 나쁜 소식은 이제 딥러닝의 바다에서 파도타기를 해야 한다는 것입니다.

먼저 딥러닝 바다의 긍정적인 측면입니다. 지금까지 소개한 순방향 인공 신경망들은 상향식Bottom-up으로 개념을 추상화하는 모델들입니다. 이는 '부분'으로부터 '전체'를 본다는 것입니다. 세상의 디테일을 이해하는 것에서 시작해서, 이해의 조각들을 하나씩 모아가다 보면 어느새 디테일은 사라지고, 세상 전체가 보이기 시작하고 본질적인 개념에 다가갈 수 있게 됩니다.

그런데 이 논리를 따라가다 보니 다음과 같은 모순에 부딪히게 됩니다. 전체를 파악하려면 디테일을 알아야 하지만, 반대로 디테일을 잘 파악하려면 전체를 알아야 하지 않나요? 부분을 이해해야 전체를 볼 수 있고 전체를 이해해야 부분을 구분해서 볼 수 있습니다. 닭이 먼저인지 달걀이 먼저인지를 결정해야 하는 상황과 비슷합니다. 딥러닝의 바다에서 만난 첫 번째 파도, 제1라운드입니다.

이 문제에 대한 인공 신경망의 해답은 무엇일까요? 하향식 주의 집중Top-down attention입니다. 빌딩 블록을 쌓아 부분에서 전체를 이해하는 개념의 추상화를 진행하고, 동시에 추상화된 개념, 즉 전체 그림을 바탕으로 필요 없는 디테일을 골라내는 과정을 진행하는 것입니다. 하위 레벨의 빌딩 블록에서 디테일을 걸러내는 과정을 거듭할수록 상위 레벨의 빌딩 블록에서 일어나는 개념의 추상화도 점점 명확해집니다. 이렇게 계획한 대로만 일이 잘 진행된다면 결과적으로 부분과 전체의 선순환이 일어나게 됩니다.

부분과 전체의 모순, 제2라운드

자, 1라운드에서 우세한 위치를 선점했으니 딥러닝의 꿈이 실현되는 것일까요? 딥러닝의 바다에 두 번째 파도가 칩니다.

복잡함을 추구하게 된 인공 신경망은 부분에서 전체로 올라가는 상향식 개념 추상화가 가능해졌기 때문에, 전체에서 부분으로 내

사람이 주목하는 영역   상향식 모델이 주목하는 영역

하향식 주의집중 모델이 주목하는 영역   상향식 + 하향식 주의집중

그림 6 상향식 인공 신경망과 하향식 주의집중 인공 신경망 비교.
(인공 신경망이 중요하게 생각하는 부분 표시.)

려가는 하향식 주의집중을 사용할 수 있게 되었다고 볼 수 있습니다. 이러한 하향식 주의집중 전략은 궁극적으로 특징을 묶는 문제를 잘 풀 수 있도록 도와줍니다. 부분과 전체의 선순환을 만들어갈 수만 있다면 문제 해결! 딥러닝의 바다에서 두려워할 것이 없어집니다.

그러나 반대로 부분과 전체의 악순환도 일어날 수 있습니다. 성급한 개념의 추상화를 통해 제대로 전체를 보지 못하는 상황에서 무리하게 디테일을 걸러내게 되면 결국 개념의 본질에 접근하기는 커녕, 본인이 보고 싶은 것만 보는 자기중심적인 생각에 사로잡히게 되겠지요. 악순환의 고리 속에서 본인이 개념의 본질을 꿰뚫고 있다는 자신감은 점점 커지지만, 오히려 본질과의 괴리가 점점 커지는 안타까운 상황이 벌어집니다. 아마도 스스로가 틀렸다는 사실을 영원히 깨닫지 못할 겁니다. 부끄럽지만 우리의 삶에서 자주 일어나는 일이기도 합니다.

과연 인공 신경망은 상향식 추상화와 하향식 주의집중 사이에서 균형 잡힌 삶을 살 수 있을까요? 이 밀고 당기기의 2라운드는 현재 진행 중입니다. 인공 신경망이 자기 주의집중이라는 새로운 기술로 자연어 처리Natural language processing 등의 분야에서 부분적 성공을 거두고 있지만, 아직 전체적 성공을 이야기하기에는 이른 감이 있습니다. 민감함과 둔감함의 딜레마를 풀어낸 인공 신경망은 딥러닝의 바다로 호기롭게 나섰고, 지금 이 순간에도 파도타기 중입니다.

좀처럼 깔끔한 해결책이 보이지 않는 부분과 전체의 모순의 2라운드. 두 번의 파도타기에 벌써 지친 기색을 보이는 인공 신경망을 돕기 위해 뇌 신경망이 잠시 대타로 나서는 것으로 이번 에피소드를 마무리하겠습니다.

부분과 전체의 모순에 대한 뇌 신경망의 전략

우리는 앞서 인공 신경망의 시행착오 과정을 통해, 부분과 전체의 모순의 고리를 끊기 위해서는 상향식 개념 추상화와 하향식 주의집중이 균형적으로 이루어져야 한다는 교훈을 얻었습니다. 우리의 뇌는 단일 신경망 구조로 적어도 수천 개 이상의 개념들을 눈 하나 찌푸리지 않고 가볍게 구분해낼 수 있으니, 적어도 인공 신경망보다는 이 문제를 잘 풀고 있다 할 수 있겠지요. 그럼 그 비밀은 어디에 있을까요?

우리 뇌가 어떻게 하향식 주의집중을 하는지에 대한 연구는 수십 년 동안 활발하게 진행 중인 연구 주제입니다. 뇌과학자라면 세부 연구 주제와 관계없이 적어도 한 번쯤은 생각해보았거나 고민해봐야 하는 요소입니다. 뇌의 수많은 비법 중에, 이 장의 고민거리였던 민감함과 둔감함의 딜레마와 직접 관련된 한 가지 주제만 소개할까 합니다.

상향식 인공 신경망 구조에서는 상향식 계층화의 상층부로 가면서 점차 추상적 개념을 만들어내는 반면, 우리의 시각신경 시스템은 가장 낮은 층에서 상위 개념을 잡아낼 수 있는 메커니즘이 있습니다. 우리의 망막 시신경에는 외부 빛 자극에 반응하는 세포들이 분포해 있는데, 인공 신경망과 달리 균등하게 퍼져 있지 않습니다. 망막의 중심와Fovea는 신경세포들이 고화질 디스플레이와 같이 아주 높은 밀도로 분포되어 있고, 망막의 주변부Periphery로 갈수록 밀도가 떨어지면서 정보 수용 영역이 넓어지게 됩니다. 이러한 비선형성은 망막뿐만 아니라 시각피질의 다른 곳에서도 관찰되는 특성입니다. 신경세포들의 해상도가 떨어지면 대사적 자원 소비 측면에서는 절약이라 볼 수 있지만 기능적 측면에서는 손해 보는 것 아닌가, 하는 의문이 생깁니다. 하지만 꼭 그렇지만은 않습니다. 손해 이상의 이득이 있습니다!

디테일이 있어야 전체 그림을 볼 수 있을 것 같지만, 디테일이 전체 그림에 방해가 될 수 있다는 모순의 프레임에서 잠시 벗어나서 생각해봅시다.

디테일을 무시하고 대충 살피면 전체 그림을 먼저 볼 수 있는 경우도 많습니다. 저화질 디스플레이와 같은 망막의 주변부는 디테일에 의도적으로 둔감한 특성을 가질 수밖에 없고, 이 특성은 디테일을 무시함으로써 전체 그림을 보겠다는 역발상과 맞아 떨어집니다. 우리의 뇌가 의도한 것인지는 알 수 없으나, 결과적으로 주변부의 해상도를 희생해 신경세포라는 자원을 절약하면서, 동시에 전체 그림을 이해하기 전에 전체 그림에 대한 힌트를 미리 얻을 수 있게 됩니다. 뇌가 최소 비용으로 최대 효과를 얻는 또 하나의 묘수입니다.

이렇게 대강의 전체 그림을 미리 얻으면 무슨 일을 할 수 있을까요? 한 가지 생각해볼 수 있는 시나리오는 계층적 개념 추상화의 계단을 건너뛰고 최상부에 바로 하향식 주의집중을 위한 귀띔을 해주는 것입니다. 2000년대 초반의 연구에서는 이에 대한 행동적 증거를 보였으며, 그로부터 약 10년 뒤의 연구에서는 실제로 망막의 주변부에서 인식된 상황 정보가 계층적 개념 추상화의 빌딩을 거치지 않고 바로 시각피질의 상층부에 도달해 주의집중을 일으킨다는 것을 인공 신경망을 이용한 분석으로 밝혔습니다. 프린스턴 대학의 한 연구팀은 여기서 한 발 더 나아가, 인간의 시각피질의 활성도 분

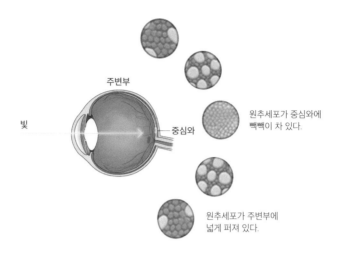

주변부

빛

중심와

원추세포가 중심와에
빽빽이 차 있다.

원추세포가 주변부에
넓게 퍼져 있다.

그림 7 망막의 중심와와 주변부의 시신경 분포 특징.

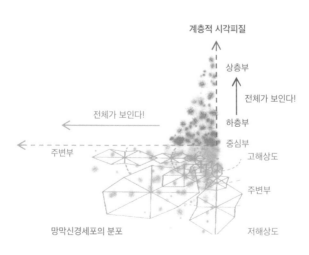

계층적 시각피질

상층부

전체가 보인다!

전체가 보인다!

하층부

주변부

중심부

고해상도

주변부

저해상도

망막신경세포의 분포

그림 8 시각신경 시스템의 비대칭적 신경 분포와
상향식 계층화를 통한 개념의 추상화 개념.

석을 통해 현재 눈으로 보고 있는 물체의 정보가 그 물체가 있는 주변 환경과 콘텍스트에 의해 편향되어 있음을 보였습니다.

이 결과는 다음과 같은 멋진 문제 해결 철학을 시사합니다. 우리가 길거리에 있다면, 돛단배, 갈매기, 파도와 같은 것보다는 카페, 사람들, 자동차와 같이 일반적인 길거리 상황에 맞는 물체를 발견하기를 기대하는 편향성이 일어나고, 이와 관련된 불확실성을 해소하는 방향으로 하향식 주의집중을 사용하게 됩니다.

우리 뇌는 우리가 미처 관심을 가지지 않는다고 생각하는 시야의 가장자리에서도, 이 세상이 우리에게 던져주는 모순을 풀기 위해 바쁘게 움직이고 있습니다. 우리가 미처 인지하지 못하고 있는 바로 지금 이 순간에도, 수많은 연구자들은 우리가 알지 못했던 뇌의 99%가 가진 실타래를 하나씩 풀어가고 있습니다. 그리고 그 꼬인 실타래의 구조를 선명하게 보여주는 돋보기가 바로 인공지능입니다.

비밀 노트 4 뇌 신경망 렌즈를 통해 보는 인공 신경망

인공 신경망의 빌딩 블록이 가진 특징들은 생물의 뇌의 대뇌피질에서도 잘 나타납니다. 첫째는 특정 입력 패턴에 선택적으로 반응하는, 잘 알려진 개념의 신경세포들(심플 셀Simple cell)과, 선택적인 반응 특성을 보이지만 동시에 자극의 공간적인 변이에 둔감성을 가지고 있는 신경세포들(콤플렉스 셀Complex cell)이 있습니다. 심플 셀은 1960년대 데이비드 허블과 토르스텐 비셀의 발견으로 정립된 개념이며, 두 연구자는 이러한 공헌으로 노벨상을 수상했습니다. 이에 비해 후자의 신경세포가 가진 공간적 둔감성은 기존의 흥분형Excitatory, 억제형 Inhibitory과 같은 전통적인 신경세포 분류 방식으로 설명되지 않는 특징이므로 콤플렉스 셀이라 불리게 되었습니다. 이러한 특징들은 대뇌 시각피질의 넓은 영역에 걸쳐 나타납니다. 심플 셀이 가진 반응 패턴은 인공 신경망의 컨벌루션 연산의 특징으로, 콤플렉스 셀의 반응 패턴은 풀링 연산이 가진 특징으로 설명될 수 있습니다.

둘째는 대뇌피질의 계층적 구조Cortical hierarchy입니다. 시각신경 시스템이 정지된 물체를 인식하는 과정만 보더라도 몇 개의 층으로 이루어진 망막 시신경Retina ganglion cells에서 출발하여 외측슬상핵Lateral geniculate nucleus을 거쳐 1차(V1), 2차(V2), 4차(V4) 시각피질을 거쳐 측두엽의 바로 아래쪽에 위치한 아래관자피질Inferior temporal cortex 등으로 이어지게 됩니다. 이러한 상향식, 계층적 정보 전달 과정을 시각피질의 복측 경로Ventral stream라 합니다. 움직이는 물체의 경우 배측 경로Dorsal stream를 따라 정보가 전달되는 것으로 알려져 있습니다. 이 경로들 상 각각의 시각피질 영역 내부에는 앞서 설명한 심플 셀과 콤플렉스 셀이 섞여 있습니다. 이는 인공 신경망의 빌딩 블록과 유사하다고 할 수 있습니다. 경로를 따라 올라가면서 해당 신경세포가 반응을 보이는 외부 세계의 패턴은 점차 복잡해지고, 동시에 정보 수용영역은 점차 넓어지게 됩니다.

1990년대 초반이 되어서는 심플 셀과 콤플렉스 셀을 빌딩 블록으로 쌓은 계산 모델을 이용하여 대뇌피질의 정보 처리 과정을 이해하려는 많은 시도가 있었습니다. 그 노력의 결과로 심플 셀과 콤플렉스 셀이 쌓인 계층적 구조로 인해 개념의 추상화가 일어난다는 주장이 점차 설득력을 얻기 시작했습니다.

1990년대의 대뇌피질의 계산적 원리가 반영된 인공 신경망인 컨벌루셔널 신경망이 컴퓨터 물체 인식 분야에서 큰 성공을 거두기까지 무려 20년이나 걸렸습니다!(2012년 AlexNet, 2014년 VGG와 GoogleNet) 만약 뇌과학과 인공지능이 좀 더 일찍 손을 맞잡았더라면, 우리는 적어도 10년은 앞선 세상을 살고 있을지도 모릅니다. 이미 벌어진 일들에 대해 뒤늦게 이야기하는 것만큼 쉬운 일이 없겠으나, 뇌과학과 인공지능이 머리를 맞대면 그만큼 놀라운 일들이 벌어질 수 있다는 것을 기억해야 합니다.

인공 신경망의 렌즈를 통해 보는 뇌 신경망

앞서 소개한 바와 같이 2010년대 초반에는 뇌 신경망이 인공 신경망에 의도치 않은 도움을 주었다면, 그로부터 몇 년 뒤부터는 인공 신경망이 뇌 신경망에 도움을 주면서 선순환이 일어나기 시작했습니다.

2016년 MIT 연구팀에서는 거시적 관점에서 대뇌피질과 컨벌루셔널 신경망의 기능적 유사성에 주목하여, 컨벌루셔널 신경망을 이용해 대뇌피질의 정보 처리 과정을 더욱 자세히 이해하려는 시도가 이루어졌습니다. 연구자들은 목적 기반 계층적 컨벌루셔널 신경망 Goal-driven hierarchical convolutional neural networks이라는 이름의 인공 신경망을 만들고, 물체 인식 문제에 적용했습니다. 그리고 원숭이를 잘 훈련시켜 인공 신경망과 동일한 문제를 풀게 하면서 시각피질의 여러 곳의 신경 활성도를 관찰하였습니다.

놀라운 사실은 학습을 거듭함에 따라 인공 신경망 각 층의 개별 뉴런들이 점점 원숭이의 시각피질 신경과 비슷하게 행동하기 시작했다는 것입니다. 물론 사람 뇌의 기능적 활성도 데이터를 이용한 분석에서도 동일한 결과를 얻었습니다. 2020년에는 신경세포의 국소적 패턴까지 반영한 인공 신경망을 이용해 뇌 데이터를 분석하는 수준에 이르렀습니다.

이러한 연구들에서 단순히 인공 신경망이 우리 뇌와 비슷하다는데 대해 순수한 재미를 얻을 수 있기도 하지만, 여기서 중요한 점은 우리 뇌를 수학적으로 분석 가능한 인공 신경망의 틀 안에서 요약할 수 있다는 가능성입니다. 이 연구를 기점으로 인공 신경망에 다양한 변화를 주면서 뇌의 동작 원리를 이해하는 연구들이 활발하게 이루어지고 있습니다. 뇌의 신경 활성도를 관찰해보면 밤하늘의 별처럼 반짝이는 모습이 아름답습니다. 그러나 신경 세포들끼리 어떤 협주를 하고 있는지, 모여서 무슨 생각을 하고 있는지, 무엇 때문에 이토록 아름다운지 알 수 없어 답답하기도 했습니다. 이러한 답답함은 이제 조금씩 해소되고 있습니다. 이제 1%는 이해했다고 할 수 있을까요? 인공 신경망이 복잡함의 자유를 얻었다 하지만 아직 뇌의 복잡함을 따라가려면 터무니없이 멉니다.

이와 같은 시도는 시각피질에만 적용되는 것은 아닙니다. 대뇌 청각피질도 시각피질과 마찬가지로 계층적 정보 처리에 따른 신경 활성 패턴을 보입니다. 우리가 말을 할 때 음소 단위에 해당하는 정보는 청각피질의 가장 시작 부분에서 처리되며, 청각피질의 측면을 따라가며 신경 활성 패턴을 분석해보면 단어 수준의 정보, 문장 수준의 정보, 문단 수준의 정보 순서로 점점 큰 이야기를 이해하고 있다는 것을 알 수 있습니다. MIT의 다른 연구팀은 청각 정보 처리에 특화된 인공 신경망 모델을 앞서와 같은 방법으로 뇌 데이터 분석에 적용하여 청각피질의 계층적 정보 처리 과정을 재확인할 수 있었습니다.

이렇게 뇌 신경망을 이해하기 위해서 인공 신경망으로 옮겨서 분석하는 것 외에도, 마치 IQ 테스트 하듯이 인공 신경망으로 뇌 신경망의 개별 뉴런이 가진 능력을 측정할 수 있습니다. 1장에서 등장한 능력치가 명확한 하나의 얇은 신경망이 신경세포의 활성 패턴을 얼마나 배울 수 있는지를 측정하여, 개별 신경세포의 다재다능함, 더 정확하게는 민감함의 차원Task dimensionality을 측정할 수 있습니다. 연구자들은 우리의 전두엽이 정보 처리 능력이 아주 높은 다재다능한 신경세포들을 많이 가지고 있고, 전두엽과 기억을 담당하는 해마Hippocampus의 해당 능력치가 높아질수록 더 빨리, 더 정확히 배울 수 있다는 사실을 밝혀냈습니다.

우리는 이제 인공 신경망과 뇌가 비슷한지 비교하면서 소소한 즐거움에 박수 치던 순수의 시대를 떠나보내고 있습니다. 뇌과학 이론이라는 안경으로 인공 신경망을 뜯어보고, 반대로 인공 신경망이라는 안경을 쓰고 뇌가 움직이는 원리와 이유를 분석하는 열린 시대를 맞이하고 있습니다. 두 신경망이 서로를 이끌어주는 여정이 우리를 어디로 데려갈지는 솔직히 저도 모르겠습니다.

적어도 각각의 렌즈는 분명한 초점을 가지고 있으므로 배가 산으로 가지는 않을 것이라는 것, 그러므로 그 길의 끝이 무서운 곳은 아닐 것이라는 점은 분명해 보입니다.

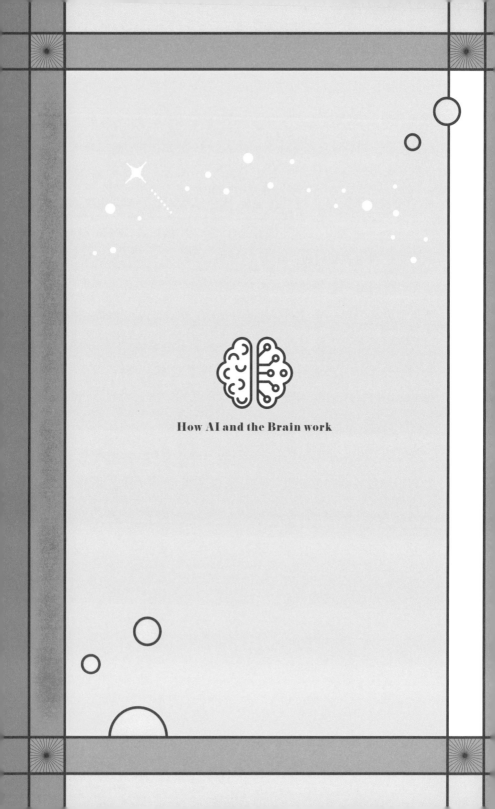

How AI and the Brain work

4장

지극히 주관적이다,
그래서 더 객관적이다

이해했다면 표현할 줄도 알아야지?
개념의 추상화와 구체화에 대한 이야기

○ ■ ●

　이번 장은 개념의 추상화에 반대되는 개념의 구체화에 대한 내용입니다. 인공 신경망은 1, 2장의 생각종이 접기와 3장의 생각종이 필터 방식으로 개념의 추상화 방식을 터득해왔습니다. 세상을 이해하기 시작한 아기가 조금씩 말을 시작하듯이, 인공 신경망은 이해한 개념을 표현해보고자 합니다.

　무언가를 이해하는 과정을 '개념의 추상화'라 한다면, 그것을 표현해내는 것을 '개념의 구체화'라 합니다. 인공 신경망은 지난 수십 년 동안 '추상화의 반대 과정은 구체화'라는 지극히 자연스러운 생각의 틀 안에서 개념의 구체화 문제를 풀어왔습니다. 그러나 예상과 달리 많은 어려움을 겪었고, 그 과정에서 개념의 구체화를 위해서는 꼭 생각의 흐름을 그대로 거슬러 올라가는 것만이 능사가 아님을 깨닫기 시작합니다.

　구체화의 고행길에서 인공 신경망의 사고 체계는 또 한 번의 격변기를 맞이하게 됩니다. 관찰을 통해 추상적 개념을 형성하고, 구체화 과정을 통해 다시 생성해낸 것이 원래 관찰한 것과 얼마나 비슷한지 비교해보는 주관적 자기평가적 학습 방식이 가진 한계를 깨달은 것입니다. 이를 해결하기 위해 다른 인공 신경망과 경쟁하는 방식을 통해 객관적 자기평가의 기술을 터득합니다. 이제 인공 신경망의 경쟁 대상은 '인간'에서 '인공 신경망' 그 자체가 됩니다.

　이번 장은 이해한 것을 표현해내기 위해 많은 시행착오를 거치고, 그 여정의 끝에서 우연히도 자기 자신을 객관적으로 돌아보는 방법을 알게 된 인공 신경망에 대한 이야기입니다.

1

이해한 것을 표현해내기까지

표현할 수 없다면 제대로 이해한 것이 아니다

아인슈타인의 명언 중 이런 말이 있습니다. "만약 무언가를 쉽게 설명할 수 없다면, 그것을 충분히 이해한 것이 아니다." 양자역학으로 노벨 물리학상을 수상한 리처드 파인만Richard Feynman도 비슷한 명언을 남깁니다. "내가 만들 수 없는 것은 이해한 것이 아니다." 개념을 충분히 이해했다면 표현할 수 있어야 하고, 표현할 수 있어야 개념을 비로소 제대로 이해했다고 할 수 있습니다. 이번 장에서 인공 신경망에게 주어진 숙제는 이해한 것(개념의 추상화)을 표현(구체화)하는 것입니다.

인공 신경망에서 이야기하는 데이터의 생성, 즉 구체화는 당연하게 앞 장에서 설명한 개념의 추상화에서 출발합니다. 본질을 찾아가는 추상화와 본질이 가진 특징을 표현해내는 구체화는 개념적으로 서로 반대 과정입니다. 경험으로부터 추상적인 개념을 만들

때는 편견 없는 객관성을 유지해야 하지만, 제3자의 관점에서 볼 때 일단 이해한 개념을 표현하는 구체화 과정 자체는 주관적일 수밖에 없습니다. 객관적인 추상화와 주관적인 구체화 과정은 이렇게 서로 다른 성격을 가지고 있습니다.

하지만, 추상화와 구체화 과정은 '개념'이라는 요소를 공유하고 있다는 점에서 마치 자웅동체와 같이 하나의 인공 신경망으로 구현되어야 합니다. 과연 추상화와 구체화는 한 몸 안에서 공생할 수 있을까요? 과거 연구자들은 추상화와 구체화를 하나의 문제로 보고 하나의 인공 신경망의 형태로 구현하기 위해 노력해왔습니다.

이제 개념의 추상화와 구체화의 공생처를 정할 차례입니다. 어떠한 개념으로부터 다양한 데이터를 다시 생성(구체화)할 수 있는 가장 전통적인 방식은 바로 확률 모델입니다. 그동안 사용했던 사과를 인식하는 문제를 이용해 가장 간단한 예를 들어보겠습니다.

동그란 사과들의 지름을 재어보니 각각 3, 5, 6, 7, 4, 5cm였다고 합시다. 평균을 계산해보면 5cm, 분산은 약 1.67 정도가 나옵니다.[*] 이로부터 우리는 사과는 '지름 약 5cm의 동그란 물체'라는 개념을 형성할 수 있습니다. 이 과정은 이미 우리가 잘 알고 있는 개념의 추상화로 볼 수 있습니다. 이번에는 이 개념을 이용하여 다양한 사과를 그려볼 수 있습니다. 평균 5, 분산 1.67의 정규분포로부터 다양한 숫

---

[*] 정규분포라는 전제를 바탕으로 하고 있습니다. 평균과 분산은 정규분포를 표현할 수 있는 필수적인 통계치입니다.

자를 얻어내어, 해당 숫자만큼의 지름을 가진 동그라미를 그리면 됩니다. 이 과정이 바로 개념의 구체화에 해당됩니다.

우리가 1~3장에 걸쳐 이야기했던 인공 신경망은 같은 입력에 대해 항상 같은 출력값을 내어놓는 결정적 신경망Deterministic neural network으로 분류됩니다. 그러나 위에 설명한 것과 같은 구체화를 실현하려면 불확실성을 다룰 수 있는 확률적 신경망Stochastic neural network*이 필요합니다. 확률적 신경망은 기존의 결정적 신경망에서 각각의 뉴런(Node)들을 확률변수로 대체한 신경망이라고 생각하시면 됩니다. 확률적 신경망은 전통적인 통계 분야에서 이야기하는 특정한 확률분포(정규분포, 감마분포, 베르누이분포, 베타분포 등)에 대한 가정이 필요 없고, 단순히 신경망의 파라미터로 임의의 확률분포를 표상할 수 있다는 장점이 있습니다.

상대적인 단점이라면 파라미터의 개수가 많아진다는 점입니다. 예를 들면, 정규분포 확률 모델의 경우 평균과 분산이라는 단 두 개의 파라미터만으로 표현되지만, 일반적인 확률적 신경망의 경우에는 내부 파라미터 개수가 이보다 훨씬 많아져서 그만큼 학습시키기 까다로워지고, 과적합 문제가 발생하기도 합니다.

• 확률적 신경망에서 추상화는 결정적 신경망과 달리 목표치 없이 관찰 가능한 입력 데이터만을 가지고 학습하는 과정으로, 일반적으로 비지도 학습으로 분류됩니다.

먼저, 보이는 것들을 설명하다

초창기 확률적 신경망의 대표주자로 홉필드 네트워크Hopfield network라는 멋진 이름의 모델을 떠올리지 않을 수 없습니다. 이는 회귀적/되먹임 신경망Recurrent neural network의 한 종류로 분류되며, 가장 일반적인 확률적 신경망의 형태를 가지고 있습니다. 하나의 뉴런은 주위에 연결된 뉴런과 입력 신호를 주고받고, 그 입력 신호의 총량에 따라 뉴런의 활성화 여부가 확률값으로 표현됩니다.

홉필드 네트워크가 무슨 일을 할 수 있는지를 이해하기 위해 간단한 예를 들겠습니다. 흡연이 폐암에 걸릴 확률을 높이는가? 하는 문제를 알아보기 위해, 다양한 사람들의 평소 흡연량과 폐암 검사 결과에 대한 가상의 데이터를 가정해봅시다. 이 가상의 데이터는 다양한 시나리오에 대해 이야기하기 위해 사용하는 것으로, 실제 흡연과 폐암의 관계에 대한 사실과 다를 수 있습니다.

만일 담배를 많이 피울수록 나중에 폐암에 걸릴 확률이 높다면, 데이터상 흡연량과 폐암 간에는 유의미한 양의 상관관계가 있을 겁니다.(그림 1의 ①) 이 데이터를 홉필드 네트워크에 학습시킨다면 흡연량에 해당되는 뉴런과 폐암에 해당되는 뉴런을 이어주는 가중치값은 양의 값으로 수렴할 겁니다. 사실 이런 단순한 관계는 홉필드 네트워크를 학습시킬 필요도 없이 전통적인 통계분석으로도 가능합니다.

그럼 홉필드 네트워크가 단순한 통계분석을 넘어서서 어떤 일을

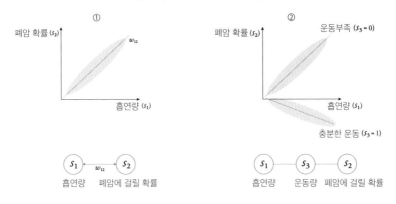

그림 1 초창기 확률적 신경망인 홉필드 네트워크를 이용한 가설 검증 과정.
(흡연량, 운동량, 폐암 간의 관련성)

할 수 있을까요? 다양한 인자들이 가진 복잡한 상관관계를 알아낼
수 있습니다. 앞서 예를 들었던 가상의 데이터에 개개인의 평소 운
동량 정보가 포함되어 있다고 해봅시다. 이 경우 평소 운동을 게을
리하는 집단의 경우 기존과 마찬가지로 흡연량과 폐암 확률이 양의
상관관계를 보이지만, 평소 운동을 꾸준히 하는 집단의 경우 흡연
을 많이 하더라도 폐암에 걸릴 확률이 적다는 점을 찾아낼 수 있습
니다.(그림 1의 ②) 다변량 분석법Multivariate statistical analysis*과 같은 응
용 통계 기법을 잘 활용하면 이와 비슷한 결과를 도출해낼 수 있으
나, 다양한 가정이 도입되어야 합니다. 그럼 홉필드 네트워크, 또는
일반적으로 확률론적인 신경망이 가진 장점이 더 있을까요?

• 두 요소들 간의 상관관계를 보는 경우를 일반화시켜, 세 개 이상의 요소들 사이에
  존재할 수 있는 좀 더 복잡한 상관관계를 분석하는 통계적 분석 방법입니다.

이러한 신경망이 가진 첫 번째 장점은 쉽게 추론이 가능하다는 것입니다. 실제 데이터에는 관찰되지 않았던 애매한 경우―예를 들어 운동을 많이 하는 것도 아니고 적게 하는 것도 아니면서 평소에 담배를 많이 피운다고 보기도 어렵고 적게 피운다고 보기도 어려운 참 애매한 사람―에 대해서도 폐암에 걸릴 확률이 얼마나 되는지를 계산할 수 있습니다.

두 번째 장점은 각 요소의 역할(운동량의 경우 중간자 역할)에 대해 말해줄 수 있다는 것입니다. 운동량을 고려하면 흡연량과 폐암은 명백한 관련성을 가지며, 운동량을 고려하지 않으면 흡연량과 폐암은 겉보기에 전혀 관련이 없어 보인다는 것을 설명해줍니다.

세 번째 장점은 특정한 요소를 무시함으로써 잘못된 결론에 도달할 수 있다는 위험성을 알려준다는 점입니다. 또 다른 장점은 잠재적 인자들의 숫자가 꽤 많아도 복잡한 상호관계를 찾아낼 수 있다는 점입니다.

그리고, 보이지 않는 것들을 설명하다

확률적 신경망의 발전은 여기서 멈추지 않고, 우리가 직접 관찰할 수 없는 잠재적 인자까지 끌어안게 됩니다. 홉필드 네트워크에 잠재적 인자를 표상할 수 있는 은닉 뉴런Hidden neuron을 추가한 신경망은 볼츠만 머신Boltzmann machine이라는 멋진 이름을 가지고 있습니다. 홉필드 네트워크, 볼츠만 머신이라는 이름에서 유추할 수 있듯이 이들은 통계 물리학의 기본 개념을 활용한 신경망 모델들입니다.

이러한 신경망이 가진 장점은 무엇일까요? 이미 가지고 있는 데이터로부터 가설을 검증할 수 있도록 해줍니다. 흡연과 관련된 잠재적 위험 유전자가 있다는 가설을 세워봅시다. 이 위험 인자는 어디까지나 가설이므로 실제로 관찰하기 어렵거나, 우리의 데이터에 포함되어 있지 않은 정보입니다. 만약 이 위험 유전자가 있는 흡연자는 평소 아무리 운동을 열심히 해도 결국 폐암에 걸릴 확률이 높다는 가설이 맞다면, 우리의 데이터를 좀 더 잘 설명할 수 있을 겁니다.

이 가설을 검증하기 위해서는 볼츠만 머신을 디자인할 때 위험 유전자에 해당되는 은닉 뉴런을 운동량과 폐암을 표상하는 뉴런과 이어주고(그림 2) 데이터에 학습시켜보면 됩니다. 다른 가설이 있다면 그에 맞게 뉴런을 도입하고 이어줍니다. 모델의 복잡도

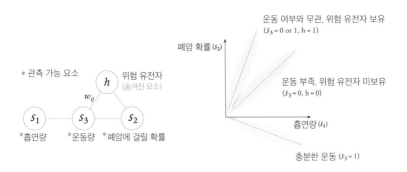

그림 2 볼츠만 머신을 이용한 가설 검증 과정.
(흡연량, 운동량, 폐암 위험 유전자, 폐암 간의 관련성)

에 따른 페널티에도 불구하고 데이터를 좀 더 잘 설명한다면 해당 가설이 맞다는 결론을 내릴 수 있습니다. 이러한 방법은 사후 가정 Counterfactual 실험이라 불리기도 합니다.

볼츠만 머신 이야기가 나온 김에 이 신경망의 별명인 '의식-무의식 학습 법칙Wake-sleep rule'에 대해서 좀 더 이야기하겠습니다. 볼츠만 머신의 목적은 데이터로부터 다양한 인자들 간의 상관관계를 배우는 것입니다. 상관관계를 배울수록 뉴런들의 활성화에 리듬이 생기기 시작하고, 이는 전체 네트워크 활성 패턴의 혼란도Entropy 또는 에너지 상태를 낮추는 역할을 합니다. 1~3장에서 논의했던 신경망의 경우에는 실수를 줄이는 방향으로 학습이 이루어진다고 했는데, 이 경우도 유사하게 혼란도를 낮추는 방향으로 학습이 이루어집니다. 거꾸로 생각해보면 볼츠만 머신이 데이터에 숨겨진 상관관계를 잘 배울수록, 뉴런들이 리듬감 있게 활성화되고, 결과적으로 전체 네트워크의 혼란도를 낮출 수 있게 됩니다.

인공지능과 계산신경과학 분야에서 각각 최고 석학인 제프리 힌튼Geoffrey Hinton과 피터 다이안Peter Dayan은 이러한 원칙으로부터 뉴런들 사이를 연결하는 최적의 가중치를 찾아나가는 학습 규칙을 유도했습니다. 이 학습 규칙은, 데이터 안에서 직접 관찰할 수 있는 인자들 간의 상관성과 네트워크가 현재까지 학습한 상관성 간의 차이를 줄이는 방향으로 이루어짐을 알 수 있습니다. 전자의 경우 데이터를 직접 보면서 계산되는 부분이므로 '깨어 있는 상태Wake', 후자의 경우 데이터를 보지 않고 네트워크가 추론하는 부분이므로 '꿈꾸는 상태Sleep'라 비유할 수 있고, 이로부터 'Wake-sleep'이라는 재미있는 이름을 얻게 되었습니다.

오토 인코더의 탄생

이렇게 다재다능하면서 재미있는 특징들을 가지고 있는 확률적 신경망은 막상 실제 문제에 적용되는 과정에서 여러 가지 어려움을 겪게 됩니다. 확률분포 자체를 다뤄야 하기 때문에 샘플링 등 복잡한 계산 과정이 많고, 이로 인해 스케일 확장이 어렵습니다. 다양한 근사화 기법을 통해 어느 정도 해소가 가능하지만 근본적으로 다루기 까다로운 모델이라는 점은 변함이 없습니다. 이러한 문제로 인해, 제프리 힌튼이 1990년대 중반에 만들어낸 신경망은 그 뒤로 고군분투하는 과정을 겪습니다. 그리고 약 10년 뒤, 제프리 힌튼과 그의 제자였던 러슬란 살라쿠티노프Ruslan Salakhutdinov는 이 문제에 대한 돌파구를 찾아냅니다.

제한적 볼츠만 머신Restricted Boltzmann machine이라는 이름으로 등장한 신경망은 말 그대로 신경망 구조를 일부 제한하여 확장성이라는 큰 목적을 추구합니다. 뉴런들 간 연결에 제한이 없었던 볼츠만 머신에 비해, 제한적 볼츠만 머신은 관찰 가능한 요소들을 표상하는 일반적 뉴런Visible neuron들과 잠재적 인자를 표상하는 은닉 뉴런 사이의 연결만을 허용합니다. 이러한 구조의 제한이 가진 가정은 "관찰할 수 있는 모든 요소들 사이의 관계는 잠재적 인자를 통해 설명될 수 있다."는 것입니다.

이러한 가정이 신경망의 학습 능력을 제한할 것 같지만, 사실은 그 반대 상황이 벌어집니다. 즉, 흡연량이나 폐암의 여부와 같이 '관찰 대상'이 주어졌을 때는 여기에 관여하는 잠재적 인자들 사이의 복잡한 상관관계가 모두 사라지게 됩니다! 이는 조건부 독립Conditional independence이라 불립니다. 슈뢰딩거의 고양이로 유명한 양자역학의 사고실험에서 관측하는 순간 상태의 불확실성이 사라지는 상황에 빗대어볼 수 있습니다.(주의! 이해를 돕기 위한 비유일 뿐 실제로는 다른 상황입니다.) 그리고 이러한 구조는 일반적 뉴런층과 은닉 뉴런층이 붙어 있는 하나의 빌딩 블록을 형성합니다. 이는 앞 장에서 설명한 컨벌루셔널 신경망의 빌딩 블록과 유사하게, 그 자체로 하나의 문제를 풀 수 있는 신경망의 기본 계산 단위로 취급할 수 있습니다.

빌딩 블록으로 구성된 확률적 신경망은 복잡한 상관관계로 인한 계산적인 부담이 사라지면서 드디어 구조의 복잡함을 추구할 수 있는 자유를 얻게 됩니다. 즉, 빌딩 블록을 층층이 쌓아 올려 매우 높은 수준의 추상화와 구체화가 가능해집니다. 여기서의 빌딩 블록은 확률적 신경망이므로 그 자체로 데이터를 만들어낼 수 있고, 다음 빌딩 블록은 앞선 빌딩 블록이 생성한 데이터를 관찰하면서 더욱 복잡한 상관관계 학습을 계속해나갈 수 있게 됩니다. 이렇게 층층이 만들어지는 신경망은 심층 제한적 볼츠만 머신Deep restricted

그림 3 제한적 볼츠만 머신(위)을 이용해 만드는 오토 인코더.(아래)

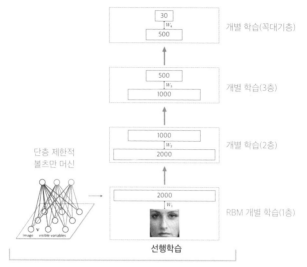

선행학습

1. 개별 블록 학습(Block-level, Unsupervised learning)

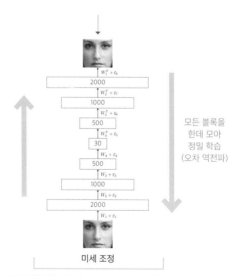

미세 조정

2. 통합 정밀 학습(End-to-end, Supervised learning)

Boltzmann machine이라 불립니다. 그리고 이러한 종류의 신경망들은 앞서 1장에서 소개한 일반적인 인공 신경망에서 사용하는 오차 역전파 방식을 이용해 추가적으로 정밀한 학습을 할 수 있습니다. 이렇게 탄생한 인공 신경망을 오토 인코더Autoencoder라 부릅니다.

이렇게 개념의 추상화와 구체화는 떼려야 뗄 수 없는 애증의 관계 속에서 그 능력을 조금씩 키워왔습니다. 그리고 마침내 서로를 구속시킴으로써 '오토 인코더'가 탄생했습니다. 다음 장에서는 추상화와 구체화의 중심, 오토 인코더가 성장하는 이야기가 이어집니다.

2

개념의 추상화와 구체화 뒤집기

오토 인코더 1막 1장: 대칭으로 풀다

개념의 추상화-구체화 문제는 확률적 인공 신경망의 형태로 구현되었지만, 결국 '오토 인코더'라 불리는 전통적인 인공 신경망의 형태로 다시 돌아왔습니다. 개념의 추상화와 구체화가 한 몸인 볼츠만 머신과 같은 확률적 인공 신경망과 달리, 오토 인코더에서는 개념의 추상화를 위한 빌딩 블록과 개념의 구체화를 위한 빌딩 블록들이 구조적으로 분리되어 있습니다. 오토 인코더에서의 개념의 추상화가 우리 경험들을 생각종이로 옮기는 과정이라면, 개념의 구체화는 이 생각종이들을 역추적해 원래의 모습으로 되돌리는 과정이라 할 수 있겠습니다. 이와 같은 이유로 초창기 오토 인코더는 추상화-구체화를 위한 대칭적 구조를 가지고 있었습니다.

이렇게 대칭적인 구조를 이용해 개념을 추상화하고 구체화하는 방법을 사용한 것은 오토 인코더가 처음은 아닙니다. 1901년에 처

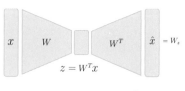

그림 4 인공 신경망의 대칭적 구조로 표현한 주성분 분석.

$$Loss = à_i \| x_i - \hat{x}_i \|^2$$

음 제안되어 19세기 내내 다양한 분야에서 활용되었고, 지금도 다양한 문제의 기본적인 통계분석에 활용되며, 이공대생의 강의 노트를 한 번쯤은 거치는 주성분 분석Principal component analysis을 사실 오토 인코더의 기본형으로 볼 수 있습니다. 주성분 분석이란 데이터가 가진 정보량을 최대한 보존하면서 원래 데이터보다 크기가 작은 (낮은 차원의) 데이터로 변환하는 과정입니다. 이 변환 과정에서 사용되는 벡터의 내적이 바로 생각종이에 찍힌 한 점을 다른 생각종이로 옮기는 과정(1장)과 같습니다. 이때 변환 과정에 사용된 벡터들을 주성분Principal component이라 부릅니다.

주성분 행렬을 곱해 데이터 차원을 줄이는 첫 번째 단계가 인공 신경망의 첫 번째 층에 해당하고, 주성분 전치 행렬을 곱해 원래 데이터로 복원하는 두 번째 단계가 인공 신경망의 두 번째 층에 해당합니다. 즉, 주성분 분석 과정으로 정의되는 오토 인코더는 두 층짜리의 얕은 대칭형 선형 신경망과 같다고 할 수 있습니다. 그리고 이과정은 당연히 원래의 데이터와 복원된 데이터 사이의 오차를 최소화하는 인공 신경망과 동일합니다.

주성분 분석을 통해 계산해낸 주성분은 다양한 경험 속에 내재된 핵심 정보들만 간추려낸 생각종이로 비유할 수 있습니다. 여기서 개념의 추상화를 위한 데이터 변환 과정은 첫 번째 층의 생각종이에 찍힌 점들을 주성분 분석을 통해 만든 두 번째 층의 생각종이로 옮기는 것이라 할 수 있고, 구체화를 위해 변환된 데이터를 원래 데이터로 복원하는 과정은 두 번째 층의 생각종이의 점들로부터 출발해서 거꾸로 첫 번째 층의 생각종이의 점들을 찾는 과정에 빗댈 수 있습니다. 개념의 추상화 과정은 생각종이를 순서대로 따라가는 것이고, 개념의 구체화 과정은 생각종이의 순서를 뒤집어 따라가는 것입니다.

이번 장에서는 대칭적 오토 인코더의 기본 개념에 대해 소개하였습니다. 약간의 기술적인 내용을 다루다 보니 개념의 구체화에 대한 설명이 구체적이기는커녕 오히려 더 추상적으로 들릴 수 있는 아이러니한 상황인데, 미안한 마음을 담아 아래와 같이 간단한 공식 아닌 공식으로 압축해보겠습니다.

개념의 추상화 + 구체화를 위한 가장 단순한 방법

= 주성분 분석

= 얕은 대칭형 선형 신경망

= 생각종이 순서 뒤집기

오토 인코더 1막 2장: 비대칭으로 한 발 더 나아가다

앞 장에서는 가장 기본적인 오토 인코더에 대해 소개하였으니, 다음으로 예상되는 전개는 좀 더 일반화된 오토 인코더입니다. 주성분 분석에 비유되는 대칭적 오토 인코더에서 개념의 추상화와 구체화가 자연스럽고 단순한 반대 과정이었다면, 일반화된 오토 인코더에서는 "개념의 추상화와 구체화는 서로 반대 개념이므로 추상화와 구체화 과정이 반드시 대칭적이어야 한다."라는 기존의 고정관념을 과감히 버리게 됩니다.

즉, 구체화를 할 때 생각종이들이 놓인 순서를 뒤집지 않고, 새로운 생각종이들을 가져다가 점을 찍어나가면서 처음에 관찰했던 원래 모습을 복원하는 방식을 선택합니다. 결과적으로 새로운 오토 인코더에서 추상화와 구체화 과정을 나란히 보면 비대칭적인 모습이 됩니다. 수학, 미술, 건축 등 다양한 분야에서 대칭성의 아름다움을 추구한 인간의 역사와, 대칭성이 주는 계산적인 이점들을 기꺼이 누렸던 인공지능의 역사적 흐름을 생각하면 상당히 의외의 생각이 아닐 수 없습니다. 떼려야 뗄 수 없었던 애증 관계에 놓여 있었던 추상화와 구체화는 이렇게 조금씩 이별을 준비하고 있습니다.

그렇다면 이러한 비대칭적 방법이 생각종이들의 순서를 뒤집는 단순한 대칭적 방법보다 더 좋을까요? 여러 가지 이유들이 있지만, 비대칭적 방법이 가진 가장 큰 장점은 복잡한 문제들을 푸는 능력을 키울 수 있게 된다는 점입니다. 인공 신경망이 배우기 어려운 개

그림 5 비대칭적 인공 신경망 구조를 가진 오토 인코더.

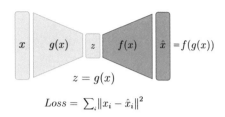

$$z = g(x)$$

$$Loss = \sum_i \|x_i - \hat{x}_i\|^2$$

넘일수록 생각종이들 간의 연결 관계도 복잡해지고 또 여러 단계의 추상화 과정이 필요하기 때문에, 그만큼 구체화 과정이 까다로워집니다. 구체화 문제가 어려워질수록 대칭적 오토 인코더는 문제를 대충대충 풀고자 하는 경향이 생길 수밖에 없고, 결과적으로 구체화 과정과 대칭적으로 묶인 추상화 과정도 대충 풀게 됩니다. 결과적으로 복잡한 문제를 만날수록 추상화 과정에 더욱더 소극적으로 반응하게 될 것입니다.

바로 이 시점에서 잠시 생각을 멈추고, 개념의 추상화 과정과 구체화 과정이 대칭적이어야 한다는 조건을 풀어준다고 가정해봅시다. 추상화 과정에서는 구체화가 문제를 푸는 데 어려움을 겪지 않을까 하는 걱정이 사라지니 좀 더 어려운 문제들에도 과감하게 도전해볼 수 있을 겁니다. 그리고 구체화 과정에서도 더 이상 추상화 과정의 눈치를 볼 필요가 없게 되니 좀 더 자유로운 그림들을 그려낼 수도 있겠지요? 연필로 그린 사과 그림들을 관찰하면서 사과를 배운다고 해서 우리가 사과를 그릴 때도 반드시 연필로 그려야 하는 것은 아닙니다. 볼펜이나 색연필 또는 붓으로 그려도 사과 그림은 사과 그림입니다!

정리하자면, 일반적인 오토 인코더라는 인공 신경망은 개념의 추상화 과정과 구체화 과정이 반드시 대칭적인 관계여야 한다는 조건을 조심스럽게* 풀어주어, 추상화 과정의 덩치를 키울 수 있게 되었고, 다양한 구체화도 가능하게 되었습니다. 바로 앞부분에서 소개했던 심층 제한적 볼츠만 머신 역시 초기 학습 단계에서는 대칭적으로 인코더 블록을 쌓아두지만, 학습의 후반부에서는 오류 역전파 방식을 사용하여 매개변수들을 정밀하게 조정하기 때문에, 학습이 끝난 뒤에는 대칭적인 모습이 사라지는 경우가 많습니다.

개념의 추상화와 구체화가 서로 반대 개념, 즉 대칭적이라는 자연스러운 생각에서 출발한 둘의 아름다운 만남은, 서로의 발전을 위해 대칭성을 버리는 선택을 해 이별을 맞게 되었답니다. 모든 이별 이야기는 슬프지만, 추상화와 구체화 과정의 이별만큼은 결코 슬프지 않다고 말씀드릴 수 있습니다. 이어서 이야기하게 되겠지만 이 이별을 계기로 인공 신경망의 구체화 과정은 날개를 달고 비약적인 변신을 거듭하게 되고, 추상화 과정과 구체화 과정은 서로를 응원하면서 필요할 때 쿨하게 만나고 헤어질 수 있는 새로운 관계를 맺게 됩니다.

• 개념의 추상화와 구체화 간의 대칭성에 대한 조약을 완전히 풀어버린 것은 아닙니다. 구체화 과정이 우리의 선의와 달리 산으로 가는 것을 막기 위해, 실제로 많은 종류의 오토 인코더는 추상화와 구체화가 비슷한 구조 또는 비슷한 확률분포를 가져야 한다는 완화된 조건들을 달고 있습니다.

오토 인코더 2막: 추상화와 구체화, 각자의 개성으로

개념의 추상화–구체화 과정에 대한 대칭성 규제의 완화로 자유를 얻게 된 오토 인코더의 구체화 과정은 이제 어떻게 하면 좀 더 발전할 수 있을지를 고민하게 됩니다. 사과를 그릴 때 그림 도구를 선택할 수 있는 자유를 얻었다는 것은, 사과를 좀 더 다양한 느낌으로 표현할 수 있다는 것을 의미합니다. 우리의 착한 구체화 과정은 이 자유를 엉뚱한 곳이 아니라, 확률적 신경망의 원래 목적을 추구하는 데 사용합니다. 바로 이 시점부터 오토 인코더라는 결정적 신경망이 확률적 신경망의 옷을 입어보기 시작합니다. 즉, 구체화 과정을 통해 그려낸 사과 그림이 원래 관찰했던 사과의 모습과 얼마나 다른가 하는 기존의 오차함수의 개념을 넘어서, 오토 인코더가 표상하는 확률분포가 사과가 가진 다양한 모습들을 정확히 표현할 수 있는가 하는 더 일반적인 자기평가가 가능해집니다.

그럼 왜 이렇게 결정적 신경망은 확률적 신경망이 되고 싶어 하는 것일까요? 이렇게 하면 추상화 과정에서부터 아직 관찰하지 못한 여러 종류의 사과들의 다양성을 인정할 수 있게 되고, 관찰 과정이 가진 불확실성을 포용할 수 있게 됩니다. 결과적으로 구체화 과정도 더욱 풍부하게 만들 수 있게 됩니다. 이 세상은 근본적으로 불확실성을 내포하고 있습니다. 이러한 이유로, 결정적 신경망의 구조만으로는 실제 세계의 문제를 푸는 데 어려움이 따를 수밖에 없고, 결국에는 세상의 불확실성을 정면으로 마주해야 내포된 문제점들을 명확히 파악하고 해결할 수 있습니다.

이러한 노력에서 탄생한 것이 바로 변분 오토 인코더Variational autoencoder라는 인공 신경망입니다. 변분 오토 인코더의 모습을 살펴보면 다양한 요소들이 가진 정보량을 더하고 빼고 곱할 수 있는 정보 처리 이론이나, 요소들 간의 조건적인 확률값을 처리할 수 있는 베이지안Bayesian 확률론*과 같은 수학적 틀 안에서 불확실성을 다룰 수 있도록 만들었다는 점이 재미있기도 합니다. 하지만 많은 사람들이 간과하고 있는 멋진 모습은 따로 있습니다. 구체화를 풍부하게 하기 위해서 구체화 과정을 발전시키는 자연스러운 전략이 아닌, 추상화 과정에 자유도를 주는 발상의 전환입니다.

앞서 소개한 일반적 오토 인코더에서는 관찰하고 있는 대상에 대해 단 하나의 고정된 추상적 개념을 만들어냈다면, 변분 오토 인코더에서는 만들어지는 추상적 개념이 확률적으로 표현됩니다. 현재 관찰하고 있는 것이 사과라면, 사과의 본질을 특정한 모습으로 단정 짓지 않고, 사과의 본질이 가진 불확실성과 다양성을 인정하고 확률분포로 표현합니다. 확률 개념의 도입이 가진 또 하나의 장점은, 추상화 과정과 구체화 과정이 반드시 대칭적일 필요는 없으나 어느 정도 비슷한 구조를 가지도록 확률적으로 정의된 느슨한

---

* 베이즈 정리Bayes' theorem를 바탕으로 종속적인 사건들 사이의 인과관계를 확률적으로 해석하는 방식을 뜻합니다. 베이즈 정리를 이용하면 'A에 종속적인 사건 B가 일어날 확률 $p(B|A)$'로부터 반대 개념인 'B에 종속적인 사건 A가 일어날 확률 $p(A|B)$'를 계산할 수 있습니다.

대칭성—이라 읽고 비대칭성이라 씁니다—을 확보할 수 있게 된다는 것입니다.

이 발상의 전환은 대칭성의 아름다운 단순함을 어느 정도 유지하면서 추상화 과정에 깊이를 더하고, 결과적으로 구체화 과정의 밀도를 높이는 자그마치 1석 3조, 소위 말하는 '신의 한 수'입니다. 여기에 확률과 인공 신경망의 자기평가 방식을 이어주는 재매개변수화Reparameterization*라는 마지막 양념이 더해지면 오차 역전파 방식으로 학습이 가능해지기까지 합니다. 이로서 결정적 인공 신경망은 확률적 인공 신경망의 옷을 완벽하게 입고 세상의 불확실성까지 포용할 수 있는 날개를 달게 되었습니다. 그리고 추상화와 구체화는 겉으로는 헤어진 것처럼 보이지만, 실제로는 불확실성이라는 매개체로 이전보다 더욱 밀접해지고 서로를 도울 수 있는 관계가 되었습니다. 이제 고차원적인 개념의 추상화, 풍부한 구체화라는 원대한 목표에 한껏 다가간 느낌이 듭니다. 그러나!

평화-롭고 기분 좋-은 마음의 상태를 유지하시고 싶다면 여기서 멈춰야 합니다. 다음 장에서는 인공 신경망의 구체화 능력을 무섭게 끌어올리게 될 태풍 예보가 있습니다. 기계학습 분야에서는 2016년에 있었던 이세돌 기사와 알파고의 대결 이상의 파장을 가

---

* 재매개변수화란 임의의 모델에서 설정된 매개변수들을 전개하는 과정에서 매개변수가 다루기 까다롭거나 복잡해 보일 때, 기존 매개변수들 간의 관계를 묘사하는 새로운 매개변수를 정의하는 기법을 의미합니다. 이를 통해 수식 전개를 단순화할 수 있을 뿐만 아니라, 새로운 시각에서 문제를 바라볼 수도 있습니다.

져온 사건이므로 인공지능에 두려움을 가진 심약자 분들께서는 마음의 준비를 하시길 바라며, 반드시 읽어보실 것을 권합니다! 인공신경망이 만들어내는 구체화의 결과만 보면 압도될 수 있으나, 알고 보면 인공지능을 향한 돛을 펼치고 안전하게 바다로 나아가는 즐거운 이야기입니다.

개념을 요약해주는 주성분 분석

주성분 분석에서의 정보량은 경험의 다양성이나 세상의 다채로움으로 인해 발생하는 데이터 분포의 분산으로 정의됩니다. 영상이나 센서 등 다양한 방식으로 관측된 데이터는 차원이 높은 경우가 많은데, 주성분 분석은 이를 몇 가지 핵심 요소만을 사용해 함축적으로 표현하는 방법입니다. 구체적으로 설명하자면, 벡터 내적이라는 연산을 통해 데이터를 낮은 차원으로 사영Projection하였을 때, 사영된 공간에서 만들어진 데이터가 가진 분산을 최대화시키는 사영 벡터를 찾는 방법이라 할 수 있습니다.

그렇다면 핵심 요소, 즉 사영 벡터들을 어떻게 찾을 수 있을까요? 이 문제에 대해서는 다행히 오래전에 수학자들이 잘 만들어둔 해법이 있습니다. 사영 벡터는 데이터의 공분산Covariance 행렬을 고유값 분해Eigenvalue decomposition하여 바로 얻을 수 있습니다. 수학의 레일리 지수Rayleigh quotient에 뿌리를 두고 있으며, 통계학의 최대치 정리 Maximization lemma와도 밀접한 관련이 있습니다.

주성분 분석법의 목표는 변환된 데이터의 차원, 즉 크기를 원래 데이터보다 작게 만드는 것이므로 개념의 추상화 과정의 하나로 볼 수 있습니다. 반대로 변환된 데이터를 원래 데이터로 복원해 구체화할 수도 있습니다. 수학적으로는 데이터 크기를 줄일 때 사용했던 주성분 벡터를 90도 돌려서(전치행렬, Transpose) 내적하면 원래 데이터 형태로 다시 바뀌게 되는데요, 복원 과정에서 손실된 정보량은 추상화 과정에서 사용되지 않은 나머지 주성분들의 총량과 같습니다.

주성분 분석 과정을 달리 설명하자면, 원래 데이터를 잘 설명하지 못하는 요소들을 버리고 핵심 요소들만 남기는 과정입니다. 수학적으로는 사영 과정에서 사용되지 않고 버려지는 고유값Eigen value들의 총량을 최소화하는 문제이며, 이 총량은 원래 데이터와 복원된 데이터 사이의 오차와 동일합니다.

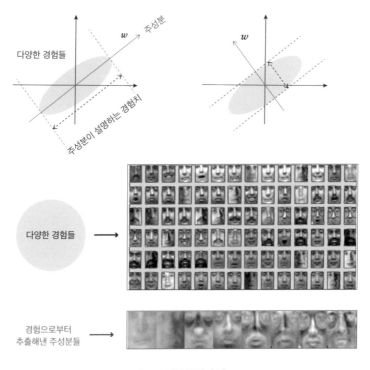

그림 6 주성분 분석의 예.

3

객관적 자기평가 기술

자기평가를 객관화할 수 있을까?

지금까지 개념의 구체화 문제를 해결할 수 있는 인공 신경망의 다양한 해결 방법들에 대해 생각해보았습니다. 첫 번째로 소개했던 확률적 신경망 기반의 방식들, 두 번째로 소개한 대칭적 결정적 신경망 방식들, 세 번째로 소개한 비대칭적 결정적 신경망 방식들은 그 구조적인 차이점에도 불구하고 변하지 않는 공통점이 있습니다. 학습을 위해 신경망의 성능을 자체적으로 평가하는 오차함수 Loss function가 그것입니다.

확률적 신경망이나 변분 오토 인코더에서는 신경망이 표상하는 확률분포가 실제 관측한 데이터의 그것과 얼마나 다른가로 오차함수를 정의하고, 결정적 신경망이나 주성분 분석에서는 신경망이 복원한 결과가 원래 관측한 데이터와 얼마나 다른지가 오차함수가 됩니다. 이렇게 오차함수가 정의되면 주어진 학습 데이터에 대해 오차를 계산할 수 있게 되므로, 오차 역전파 방식으로 손쉽게 신경망의 매개변수들을 최적화할 수 있게 됩니다.

그런데 이러한 자기평가에 기반한 오차함수에는 한 가지 근본적인 허점이 있습니다. 인공 신경망의 추상화와 구체화 과정이 중간에 어떤 구조를 사용하든지, 어떤 계산 방법을 사용하든지 간에 최종 목표는 이 오차함수에 의해 정의되며, 추상화와 구체화의 성능은 이 오차함수에 의해 평가됩니다.

그럼 이렇게 주관적으로 정의된 오차함수는 누가 평가하나요? 주관적인 평가 방식이 객관적으로 볼 때도 올바른 평가 방식일까요? 만약 이 오차함수에 우리가 인지하지 못한 허점이 있다면, 오차함수만 믿고 그 기준에 맞춰 열심히 학습한 인공 신경망은 그동안 헛수고를 한 셈이 되겠지요.

대학교 신입생이나 회사 신입사원을 모집할 때는 각자 원하는 인재상이 있을 것입니다. 그 인재상에 지원자가 얼마나 적합한지 서류 평가, 시험, 면접 등 다양한 평가 기준을 사용해 평가하게 됩니다. 그러나 평가 기준이 완벽하지 않기 때문에 규정과 기준은 계속해서 수정됩니다. 한때 IQ라는 기준으로 사람들의 지능을 평가하던 시절에는 이것이 미래의 성공 기준이 될 것만 같았지만, 지금은 이러한 단일 평가 지수가 가진 한계를 인지하고 관련된 인식이 많이 개선된 상황입니다. 최근에는 EQ, AQ, SQ 등 다양한 기준들이 등장해 좀 더 쉽게 우리의 자존감을 지킬 수 있게 되었습니다. 이 모든 사례들이 말해주는 것은 바로 자기평가라는 것이 가진 논리적 허상입니다. 더 넓게 보면 과학, 공학, 그리고 관련된 사회적 시스템 모두 자기평가의 프레임에 의존적일 수밖에 없고, 이 틀이 계속 수정되면서 전체 시스템이 조금씩 발전하는 것입니다.

인공 신경망은 이토록 지극히 주관적인 자기평가의 프레임에 다음과 같은 모순적인 질문을 던집니다.

"자기평가를 객관화할 수 있을까?"

이 간단한 질문은 사실 인간에게도 인공 신경망에게도 어려운 문제입니다. 단지 좀 더 객관적인 평가 지표를 만드는 것이 아닌, 본인이 스스로를 평가하는 것인 만큼, 주관적일 수밖에 없는 과정을 객관화하겠다는 점에서 고개를 갸우뚱하게 만드는 목표입니다.

비대칭적 신경망 구조로 인해 이별을 택했던 추상화와 객관화의 애증 관계는, 자기평가의 객관화라는 목표를 향해 걸어가는 길에서 또 다른 국면을 맞이하게 됩니다.

지극히 주관적인, 그래서 더욱 객관적인 자기평가

단순히 '객관적인 평가 기준'이라는 문제에 대해서는 사실 2장에서 긴 논의가 이루어졌습니다. 2장의 내용을 간단히 요약하자면, 현재의 평가 기준에 구조와 기능의 단순화를 추구하는 정규화와 같은 기준들을 추가해, 현재의 평가로부터 미래의 성공 가능성을 엿볼 수 있게 되었다는 이야기였습니다. 이를 비판하기 위해 논리적 추론 과정을 조금만 남용해보겠습니다. 단순화를 평가 기준에 두는 것은 객관적인 평가 기준을 위한 충분조건이지 필요조건이 아닙니다. 다시 말하면 이것은 올바른 평가 기준을 위한 하나의 지표라는 이야기이며, 이 외에도 객관적인 평가 기준이 더 있을 수 있다는 뜻입니다.

기계학습 연구자들은 2장과 같이 구조적인 위험을 최소화하는 관점에서 이론적인 접근도 해보고, 3장과 같이 많은 데이터로 복잡한 개념을 추상화하려는 시도도 해보고, 또한 이 책에서는 자세히 다루지 않지만 베이지안과 같은 확률적인 접근도 해보는 등, 오랜 기간 동안 다양한 객관적 평가 기준을 마련하기 위한 노력을 꾸준히 해왔습니다.

이러한 노력이 활발히 이루어지는 동안 한편에서는 인공 신경망의 신뢰성을 높이기 위해 허점을 찾아내는 자아비판적인 노력이 조용히 진행되고 있었습니다. 이는 컴퓨터 기술이 발전하면서 보안 기술이 함께 발전하는 것과 같은 논리입니다. 앞서 2장에서 서포트 벡터 머신이나 이번 장에서의 주성분 분석에서 잠시 언급했듯이 '얼마나 잘하나'를 보는 직관적인 접근보다는 '놓치는 부분이 있는가', '틀린 것들이 얼마나 되나'를 보는 접근 방법이 도움이 될 때가 많습니다.

특히 인공 신경망은 함수 근사화Function approximation로 분류될 수 있는 일종의 근사화 기법이므로, 근사화하는 대상, 풀고자 하는 문제가 복잡해질수록 우리가 인지하지 못하는 허점들이 발생하기 쉬워집니다. 간단한 장난감이 고장났을 때 원인을 찾아 고치는 일은 비교적 쉽지만 내부적으로 복잡한 구조를 가진 컴퓨터, 자동차, 비행기 등에서 문제가 발생했을 때 그 원인을 찾는 것은 좀 더 어려울 것이며, 우리 몸에 문제가 생겼을 때 그 원인을 찾아내는 것은 더더욱 어려운 일일 것입니다.

이 정도면 '자기평가의 객관화'와 관련된 화두는 충분히 던진 것 같으니, 이제 뿌린 씨앗이 만들어낸 열매를 수확해보겠습니다.

많은 데이터에 대해 잘 학습된 인공 신경망은 겉에서 보기에 놀라운 수준의 정확도와 멋진 생성 결과물들을 보여줍니다. 그러나, 인공 신경망은 기본적으로 근사화 기법이므로 의도적인 공격에 취약합니다. 따라서 높은 수준의 보안이나 신뢰도가 요구되는 분야에서는 사용하기 꺼려지는 것이 사실입니다. 컴퓨터나 핸드폰에 내 얼굴을 인식해서 로그인을 할 수 있게 해주는 인공 신경망이 탑재되어 있다고 합시다. 잘 학습된 현대 인공 신경망이라면 내 얼굴과 나와 닮은 내 친구의 얼굴 정도는 쉽게 구분해서 친구의 로그인 시도를 막을 수 있습니다. 하지만 내 얼굴 사진에 우리 눈에 보이지 않는 수준의 약한 잡음을 아주 살짝 섞기만 해도 내 얼굴을 내 친구 얼굴이나, 또는 나와 전혀 닮지 않은 다른 사용자로 착각하는 경우가 있습니다.

이와 같이 우연적으로 발생할 수 있는 취약점 외에 발생 가능한 다양한 시나리오도 많습니다. 위와 같은 인공 신경망이 착각하기 쉬운 이미지 변조 패턴을 찾아내는 일도 가능합니다. 그리고 챗봇이나 자율주행차와 같이 온라인으로 학습하는 인공 신경망이 있다면, 학습 과정에 우리가 인지하지 못하는 수준에서 변조된 데이터들을 살짝 섞는 악의적인 개입을 통해 인공 신경망이 학습하는 추상적 개념 자체를 누군가 원하는 방향으로 유도할 수도 있습니다. 인공지능에서는 이를 적대적 공격Adversarial attack*이라 부르며, 적대적 공격을 방지하거나 이에 대응할 수 있는 관련 기술들이 빠르게 발전하고 있습니다.

2016년 마이크로소프트사는 '테이Tay'라는 이름의 인공지능 대화 소프트웨어를 공개했는데, 일부 사용자들의 악의적 욕설, 차별적, 정치적 문구들이 학습에 영향을 미쳐 급히 서비스를 중단하는 일도 있었습니다. 한국에서도 모 회사에서 야심차게 공개한 챗봇이 학습에 사용된 데이터의 문제로 인해 개인정보를 유출하거나 성차별적인 발언을 하는 등 여러 이슈를 터뜨려 서비스가 중단되기도 했습니다. 이는 인공지능의 급속한 발전으로 인한 부작용으로 볼 수 있습니다. 학계와 관련 업계에서는 이러한 문제의 심각성을 인지하여, 현재는 편향성 없고 공정한 인공지능을 개발하기 위한 연구를 활발하게 진행하고 있습니다.

---

* 최근 한 연구에서는 시각피질이 가진 최소한의 특징들을 기존의 컨벌루셔널 신경망 구조에 도입하여, 시각적 인지 과정의 초반부에 해당하는 시각피질 영역인 V1과 유사하게 동작하는 인공 신경망을 만들었습니다. 그리고 많은 사진들을 이용해 구조적인 적대적 공격White-box adversarial attack에 얼마나 강한지 평가했습니다. 연구자들은 이 모델이 적대적 공격에 강하다고 알려진 많은 딥러닝 모델들을 압도하는 성능을 보인다는 것을 발견하였습니다. 놀랍지만 어찌 보면 당연한 결과입니다.

인공지능은 이러한 시나리오에 능동적으로 대비하고 있습니다. 적대적 학습Adversarial training이라 부르는 연구 분야에서는 인공 신경망의 학습 단계에서부터 의도적으로 다양한 방식의 데이터 변조를 수행해, 미래의 잠재적인 공격에 대비하는 방식으로 신뢰성을 높이고 있습니다. 적대적 학습이 가진 장점은 신뢰성 향상 외에 학습 성능과 효율성 자체를 높이는 효과도 있습니다. 1장에서 다룬 오차역전파 방식의 학습 과정을 잠시 떠올려봅시다. 적대적 학습 기술에서는 단순히 실수를 줄이는 방향으로 생각종이를 고쳐 접는 전통적인 학습 전략을 확장해, 실수의 패턴(오차함수의 미분적 특성)을 보고 당장의 실수를 줄이면서도 전반적으로 실수에 둔감하도록 생각종이를 고쳐 접는 전략을 사용하기도 합니다. 자기평가의 역발상이라 할 수 있겠습니다.

예상과 달리 의외로 쉽게 속고, 적대적 공격에 약한 모습을 보이는 인공 신경망과 비교할 때 인간의 뇌는 강한 모습을 보입니다. 인

그림 7 적대적 공격에 취약한 인공 신경망.

돼지

비행기

+ 0.005 ×

=

이미지에 약간의 잡음을 섞음.

일부를 살짝 가리면 딥러닝이
잘못된 인식 결과를 만들어냄.

공 신경망이 속는 경우 중에는 우리가 보기에는 너무나 쉽게 구분되는 경우가 많습니다. 인공 신경망은 스스로의 신뢰성을 높이기 위해 조금씩 생물학적인 뇌의 연산에 주목하고 있습니다.

자기평가의 객관화, 게임 이론으로 풀어내다

첫 번째 열매. 그렇다면 적대적이고 자아비판적인 접근 방법으로 인공 신경망의 자기평가 기준을 객관화할 수 있을까요? 이안 굿펠로우Ian Goodfellow라는 연구자는 이를 두 신경망의 경쟁 논리로 풀어냅니다. 이 논문에서는 한 인공 신경망의 평가를 다른 신경망에게 맡기는 쌍 구조Dueling architecture를 이용합니다. '쌍 구조에 게임 이론을 적용'했다, 또는 '두 신경망이 경쟁'한다와 같이 표면적인 찬사들이 많지만, 이 아이디어가 멋진 또 하나의 이유는 게임 이론을 이용해 두 신경망(객관성)의 이해관계가 얽히도록(주관적) 설정함으로써 주관적인 자기평가를 객관화했다는 데 있습니다! 독립적인 학습 과정을 가진 두 신경망의 구조는 '객관성'을 유지하는 데 도움이 되고, 그 두 신경망의 이해관계가 얽히도록 설정한 부분은 '주관적'인 자기평가를 가능하게 합니다.

두 번째 열매. 두 신경망은 도대체 어떻게 얽혀 있기에 객관적이면서 주관적인 자기평가가 가능하게 되었을까요? 이제 드디어 인공 신경망의 구체화 능력을 무섭게 끌어올린 태풍의 눈으로 들어가

보겠습니다.

두 신경망이 서로의 허점을 찾아내면 점수를 얻도록 현대 경제학의 중요한 키워드인 제로섬게임 환경을 설정해봅시다. 제로섬게임을 한마디로 요약하면 '너의 실패는 곧 나의 성공'(너의 슬픔은 곧 나의 기쁨)입니다. 가위바위보, 카드 게임, 도박, 주식 등 많은 시스템은 누군가가 이득을 얻으려면 같은 게임에 참가한 누군가는 손해를 봐야 하는 구조입니다. 이렇게 서로의 허점을 찾아내며 서로를 발전시키려면 게임의 결과가 손해로 끝나지 않고, 참여한 두 신경망 모두 만족하는 해피 엔딩으로 끝나야 합니다. 영화 〈뷰티풀 마인드〉의 실존 인물이자 노벨 경제학상을 수상한 존 내쉬John Nash가 정립한 게임의 균형점Nash equilibrium이라는 이론이 있습니다. 이 이론에 따라 게임의 규칙과 게임의 참가자인 두 신경망의 행동을 잘 설정할 수 있다면, 다시 말해 서로의 이해관계가 상충하는 두 신경망이 모두 현재의 선택에 만족하는 조건을 찾을 수 있다면, 두 신경망은 상생의 길로 나아갈 수 있습니다.

바로 이 문제를 풀어내는, 생성적 적대 신경망Generative adversarial network이라는 이름으로 2014년에 발표된 논문은 이후 약 6년 동안 3만 번 이상 인용되었고 적어도 수천 개 이상의 후속 연구 결과들이 쏟아져나오는 등, 2015년 이후 인공지능 분야에 가장 영향력이 큰 사건으로 평가되고 있습니다.

생성적 적대 신경망에서 다루는 인공 신경망의 제로섬게임은 간단한 죄수의 딜레마나 일반적인 제로섬게임과 달리 신경망의 학습이 안정적으로 수렴하는가에 대한 반복적인 게임 문제로 분류되는 매우 까다로운 이슈입니다. 적대적 기계학습과 생성적 적대 신경망에서의 내쉬 균형점 존재 여부에 대해서는 현재에도 많은 연구가 진행되고 있습니다.

생성적 적대 신경망 알고리즘 안에서는 두 신경망이 게임을 하는 구조이지만 게임의 주인공은 개념의 구체화를 담당하는 신경망입니다. 그리고 그와 대결 구도에 있는 두 번째 신경망은 앞에서 구체화 신경망과 이별했던 추상화 신경망입니다! 이 신경망은 첫 번째 신경망을 비판하는 역할을 맡고 있습니다. 정말 애증의 관계가 아닐 수 없습니다.

먼저 첫 번째 구체화 신경망에 대해 살펴봅시다. 기본적으로 앞에서 소개한 변분 오토 인코더 신경망에서 구체화 과정을 담당하는 디코더 부분만 가져와 사용합니다. 모두 알다시피 구체화 신경망은 추상화 신경망과 이별하면서 능력이 대폭 향상되었기 때문에, 여기서는 별도의 추상화 과정 없이 우리가 설정한 임의의 추상적 개념으로부터 구체화를 진행하여 데이터를 생성해냅니다.

학습된 추상적 개념이 아닌 우리가 임의로 설정한 추상적 개념으로부터 출발하는 방법이 가진 장점은 또 있습니다. 일단 구체화 신경망의 학습이 끝나고 나면 추상적 개념 벡터를 이리저리 조정해보면서 더욱 다양한 데이터들을 만들어낼 수 있게 됩니다. 마치 신시사이저의 다이얼과 버튼을 조작해가면서 다양한 음악을 만들어내는 것과 유사한 원리입니다. 구체화 신경망이 날뛰지 않도록 데이터 생성 과정을 직접 통제할 수 있는 고삐라고 생각하셔도 됩니다.

두 번째 추상화 신경망의 역할은 첫 번째 구체화 신경망이 만들어낸 데이터가 실제로 관찰한 데이터와 다름을 배워 첫 번째 신경망의 실력을 객관적으로 평가하는 것입니다. 두 번째 신경망은 주어진 데이터를 편견 없이 관찰하고, 그것이 첫 번째 신경망이 만들어낸 것이면 '가짜!', 실제 세상에서 주어진 데이터라 판단되면 '진짜!'라고 합니다. 첫 번째 신경망은 구체화 과정을 통해 실제 데이터와 구분이 어려울 정도로 비슷한 데이터를 만들어내면 좋은 평가를 받고, 두 번째 신경망은 진짜와 가짜가 섞인 상황에서 첫 번째 신경망이 만들어낸 데이터만 콕 집어서 골라낼 수 있으면 좋은 평가를 받습니다.

두 신경망 모두 좋은 평가를 받기 위해서, 구체화를 담당하는 첫 번째 신경망은 두 번째 신경망이 진짜 데이터와 구분할 수 없을 정도로 그럴듯하게 데이터를 만들면 되고, 두 번째 신경망은 첫 번째 신경망의 나아진 실력에 맞추어 비슷하게 진짜와 가짜를 구분하는 평가 능력을 계속 향상시켜 나가면 됩니다.

첫 번째 신경망의 허점을 찾아내야 하는 두 번째 신경망이 자비 없이 평가를 진행하는 동안, 첫 번째 신경망은 두 번째 신경망의 비판을 이겨내기 위해 끊임없이 스스로를 발전시켜야 합니다. 이렇게 상충하는 두 신경망의 이해관계가 첫 번째 신경망에 대한 객관적 자기평가를 유지할 수 있게 합니다. 이제 주관적이면서 객관적인 자기평가가 왜 앞뒤가 맞는 말인지 조금은 이해하셨기를 바랍니다.

자, 이 과정을 인공 신경망의 1인칭 관점에서 이해하기 위해서 우리에게 친숙한 빨간 사과 생각종이 사고 훈련을 해봅시다. 두 개의 생각종이 뭉치가 있습니다. 하나는 구체화를, 다른 하나는 추상화를 위한 뭉치입니다. 먼저 실제 사과에 대한 관찰 없이 구체화를 위한 생각종이를 가져다가 점을 하나 찍고, '이것이 내가 그릴 빨간 사과'라 선언합니다. 그리고 생각종이들을 이어나가며 구체화 과정을 진행하고, 그 결과 빨간 사과를 그리게 됩니다.

　이렇게 만들어진 사과 그림을 추상화를 위한 생각종이 뭉치에게 아무 말 없이 넘겨줍니다. 추상화 신경망은 이 그림으로부터 생각종이들을 이어가며 편견 없는 개념의 추상화를 진행합니다. 추상화 과정 끝에서는 이 그림이 진짜 사과인지 아니면 누군가 그려낸 가짜 사과인지를 선언합니다. 정답이면 추상화 신경망에 상을 주고, 오답이면 구체화 신경망에 상을 줍니다.

　이렇게 상벌점을 모아 생각의 흐름을 거슬러 올라가며 구체화와 추상화의 생각종이들을 고쳐 접습니다. 이 과정을 반복하다 보면 어느 순간 놀라운 일이 벌어집니다. 구체화 신경망은 진짜 사과처럼 감쪽같은 그림을 그릴 수 있는 미다스의 손을 가지게 되고, 추상화 신경망은 진짜 같은 가짜 사과 그림도 귀신같이 골라낼 수 있는 매서운 눈을 가지게 되는 겁니다.

객관적 자기평가, 무결성을 꿈꾸다

지금까지 소개한 구체화 신경망들의 자기평가 개념을 정보이론 Information theory의 관점에서 해석해보겠습니다.

주성분 분석이나 오토 인코더와 같은 결정적 인공 신경망이 사용했던 기본 전략은, 구체화를 통해 만들어낸 데이터가 현재 관측하는 그것과 비슷한지를 비교해보는 것이었습니다. 반면 확률적 인공 신경망이 사용했던 기본 전략은, 구체화를 통해 만들어낸 데이터들의 모음이 현재까지 관측한 것들과 통계적인 관점(Likelihood)에서 비슷한지를 계산해보는 것이었습니다. 이는 구체화 신경망이 표상하는 개념의 확률분포와 실제 세상의 확률분포 사이의 유사성과 같습니다. 이 유사성은 쿨백-라이블러 발산Kullback-Leibler divergence*으로 표현됩니다. 정보이론에서 확률분포를 비교하는 가장 편리하고 기본적인 방법이지만, 수학적으로 약한 개념인 비대칭적인 척도입니다. 척도의 비대칭성을 사과와 귤을 비교하는 과정에 비유해서 설명해보면 사과를 왼쪽에, 귤을 오른쪽에 놓고 둘을 비교할 때와 사과를 오른쪽에, 귤을 왼쪽에 놓고 비교할 때가 다르다는 것입니다. 어딘지 모르게 허술한 척도입니다.

---

* 쿨백-라이블러 발산은 두 확률분포가 얼마나 비슷한지를 측정하는 계산적 도구 중 하나입니다. 유사도를 측정한다는 점에서 '거리'의 개념을 연상시키지만, 이를 위해 필요한 수학적 조건을 만족하지 못하는 척도이므로 엄밀한 의미에서 거리보다는 다소 약한 개념입니다.

그렇다면 바로 앞에서 소개한 생성적 적대 신경망(GAN)의 자기 평가 기준은 정보이론 관점에서 어떻게 보일까요? 구체화 신경망이 표상하는 개념의 확률분포와 실제 세상의 확률분포 사이의 유사성이라는 점에서는 오토 인코더와 같습니다. 그러나 이 경우에는 추상적 신경망을 통해 자기평가 기준을 스스로 학습해나가며, 그 결과로 얀센-셰논 발산Jensen-Shannon divergence*이라는 척도 관점에서 가장 가까운 확률분포를 찾아나가는 과정으로 해석될 수 있습니다. 이 척도는 대칭적입니다. 그래서 좀 더 신뢰가 가고 안정적인 학습이 가능해집니다. 물론 이것 또한 수학적으로 완벽한 자기평가 척도는 아닙니다.

이왕 경제학의 도움을 얻은 김에 한 번 더 경제학의 도움을 받으면, 비교하려는 두 확률분포를 최적 운송 경로Optimal transport 문제로 생각해볼 수 있습니다. 사과와 귤의 차이점을 최적 운송 경로로 표현하는 예를 들어보겠습니다. 먼저, 사과를 깎고 색칠하는 등 다양한 방법을 동원해 귤로 바꾸는 문제를 생각합니다. 생각할 수 있는 모든 방법 중에서 사과를 귤로 바꿀 수 있는 가장 단순한 방법을 최적 운송 경로라 합니다. 찾아낸 방법을 실행하는 데 얼마나 많은 노력이 드는지가 바로 사과와 귤의 차이로 볼 수 있습니다. 이러한 최적 운송 경로의 척도는 와서스타인 거리Wasserstein distance라 불리며,

---

• 얀센-셰논 발산은 쿨백-라이블러 발산과 마찬가지로 두 확률분포가 얼마나 비슷한지를 측정하는 계산적 도구 중 하나입니다. 수학적으로 쿨백-라이블러 발산보다는 좋은 특징을 가지고 있습니다.

생성적 적대 신경망의 객관적 자기평가 기준에 대한 이론적 배경을 다지는 데 도움을 주었습니다.

일반적인 연구의 흐름은 '새로운 개념 등장 → 효율성 향상 → 다양한 분야에 적용 → 개념의 확장 → 새로운 한계 발견 → 새로운 개념의 등장'과 같은 주기를 반복하게 됩니다. 이 분야도 마찬가지입니다. 생성적 적대 신경망이 등장해 구체화 과정에 대한 객관적인 자기평가 기본 틀이 정해진 후 정말 많은 종류의 확장판들이 등장하기 시작했습니다.

짧은 기간에 무서운 속도로 발전하고 있는 모습은 그동안 인공신경망이 걸어온 길을 생각하면 너무나 당연합니다. 기본기 탄탄한 구체화 신경망은 이제 일종의 도구로 자리 잡으며, 수많은 공학·과학·의학 분야에 빠르게 적용되고 있습니다. 지금 이 글을 쓰고 있는 순간에도 확장판들은 계속 추가되고 있습니다. 기술 발전의 주기가 반복된다는 이야기를 한 김에 주기와 관련된 확장판 하나만 간략하게 소개하겠습니다.

객관적 자기평가, 통찰력을 꿈꾸다

군이 우리말 이름을 붙여본다면 주기적 생성적 적대 신경망(원래 이름은 Cycle GAN)이라 부를 수 있는 생성적 적대 신경망의 확장판입니다. 하나의 문제를 푸는 과정에서 탄생한 구체화 신경망의 개념을 장르를 넘나들 수 있도록 만든 버전입니다.

왜 장르를 넘나드는 확장이 중요할까요? 인공 신경망의 궁극적인 목표 중 하나인 범용성과 관련 있습니다. 우리가 개념의 추상화를 진행하는 궁극적인 목적은 협소한 문제의 범위를 넘어서는 보편적인 통찰을 가지기 위함입니다. 통찰력이 생기면 하나의 문제에서 배운 것을 이용해 관련된 다른 문제를 풀 수 있게 됩니다. 연필로 사과를 데생할 수 있게 된 구체화 신경망이 '연필로 사과를 그리는' 능력을 학습하지 않고, 장르에 상관없이 '사과를 그리는' 능력을 학습하게 된다면, 그 과정에서 개념의 본질에 한층 더 가깝게 다가가게 된다고 할 수 있습니다.

이 신경망은 기존의 생성적 적대 신경망의 학습 과정을 이용해 연필로 사과를 그리고(데생), 이 그림을 기존의 생성적 적대 신경망의 자기평가 기준을 이용하여 다른 그림 도구로 그린 사과 그림(수채화, 점묘화 등)으로 변환하는 과정을 학습합니다. 이렇게 단순히 하나의 장르를 다른 장르로 변경하는 인공 신경망은 이미지-이미지 번역 또는 pix2pix라 불리기도 합니다.

인공 신경망은 여기서 끝내지 않고, 수채화 등으로 변환된 사과 그림을 다시 원래 연필로 그린 사과 그림과 최대한 비슷하게 역변환하는 과정을 학습합니다. 일을 잘하기 위해 새로운 과정이 추가되면, 이에 따라 자기평가 기준도 강화되어야겠지요? 그래서 변환-역변환 과정에서 일관성이 유지되는지에 대한 평가 기준Cyclic-Consistency Loss도 추가하여 더 철저하게 자기평가를 수행합니다. 결과적으로 인공 신경망은 데생, 수채화, 점묘화 등 장르와 상관없는 '사과'라는 개념의 본질을 꿰뚫는 통찰력을 배웠는지 스스로 평가할 수 있게 됩니다. 연필로 그린 사과만 진짜 사과라고 이해하고 있다면, 물감을 입혀 수채화 형식으로 바꾼 사과 그림의 색을 지워보라 했을 때 처음 그렸던 데생으로 돌아오기 쉽지 않을 겁니다. 이러한 원리를 확장하여 데생-수채화-점묘화-유화 등 여러 장르 사이

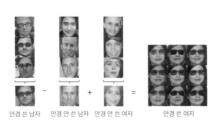

안경 쓴 남자   안경 안 쓴 남자   안경 안 쓴 여자   안경 쓴 여자

입력 x   출력 G(x)   재구성 F(G(x))

이 작은 새는 가슴과 정수리가 분홍색이며, 주날개와 곁날개는 검은색이다.

그 꽃은 밝은 분홍빛을 띤 보라색 꽃잎과 하얀 암술머리를 가지고 있다.

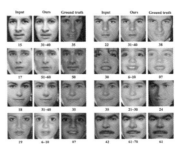

그림 8 인공 신경망의 놀라운 구체화 능력. 사진을 우리가 원하는 시나리오대로 자유롭게 합성하거나(위쪽) 문장으로부터 사진을 만들어내거나(아래-왼쪽), 나이에 맞는 얼굴 사진을 합성해내는 예.(아래-오른쪽)

를 변환하는 것도 가능합니다.

끝으로 개념의 추상화와 구체화라는 두 주인공이 걸어온 애증의 길을 뒤돌아보면서 이번 장을 마무리하겠습니다. 뇌를 닮은 아름다운 모습을 하고 있지만 다루기 무척 까다로운 문제를 극복하기 위해 구조를 과감하게 제한하는 타협점을 제안하였고, 그 결과로 추상화-구체화를 하나의 빌딩 블록과 같이 만들어 쌓을 수 있는 오토 인코더라는 개념이 탄생하였습니다.

대칭적인 구조를 가진 초창기 오토 인코더 신경망은 전적으로 추상화 과정에 종속적인 구체화 과정을 가졌지만, 비대칭적 구조로 발전해나가면서 인공 신경망의 구체화 과정은 조금씩 추상화 과정과 이별을 준비하게 됩니다. 구체화 인공 신경망의 근본적 한계였던 주관적인 자기평가가 가진 허점을 극복하기 위해 게임 이론을 도입하게 되는데, 이 길목에서 구체화 신경망은 추상적 신경망과 적대적 관계로 다시 만납니다. 과거의 연인이 적이 되었느냐고요? 아닙니다. 이 적대적 관계는 선의의 경쟁을 통한 상생의 관계로, 이 계절의 끝에서 지극히 주관적이고 그래서 더욱 객관적인 자기평가라는 성공의 열매를 맺었습니다.

1장에서 개념의 추상화를 위한 기나긴 여정을 시작한 인공 신경망은, 2장에서는 현재 배운 것들로부터 미래에도 안정적으로 성능을 유지할 수 있는 발판을 만들었습니다. 3장에서는 작은 특징을 예민하게 잡아내면서 관련 없는 환경적 정보를 받아들이지 않으면서 무한한 개념의 추상화가 가능하게 되었습니다. 이어 지금까지 4장에서는 추상화 과정과의 씨름을 통해 구체화 능력을 발전시켰고, 결국에는 안정적인 구체화를 위한 객관적인 자기평가 능력까지 갖추게 되었습니다.

기본 개념을 잡은 인공지능은 이제 시간 속에서 변하는 개념에 대해 생각하기 시작합니다.

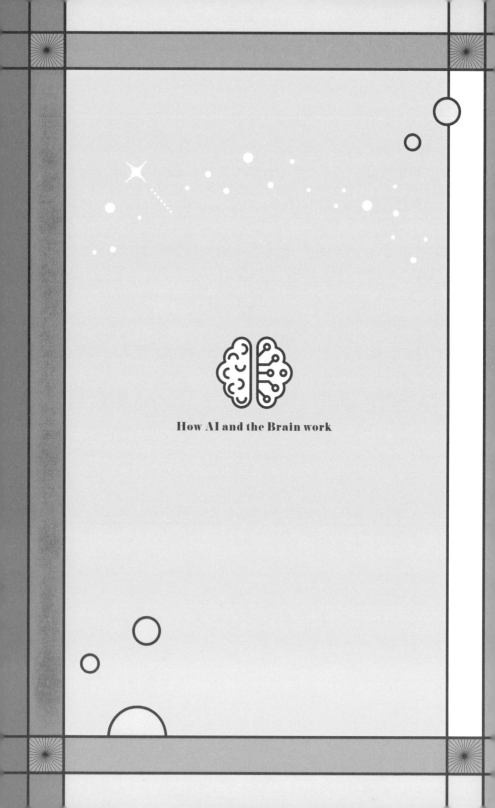

How AI and the Brain work

5장

과거를 예측하고
미래를 회상하다

영원한 기억에 대한 이야기

○ ◼ ●

    개념의 추상화와 구체화에 대한 숙제가 끝났으니, 이제는 개념의 시간 여행을 떠날 차례입니다. 인간은 다른 시간과 장소에서 벌어지는 사건들을 서로 연관 지어 하나의 이야기로 기억할 수 있습니다. 이러한 기억은 안정적입니다. 그리고 새로운 경험을 쌓아가면서 기억을 계속 고쳐나갑니다. 이러한 기억은 유동적입니다. 인공 신경망은 안정적이면서 유동적인 기억 능력을 꿈꿔 왔습니다.

    먼저 인공 신경망은 인간이 상상하기 쉬운 방식으로 문제에 접근합니다. 그것은 기억이 사라지지 않도록 계속해서 스스로에게 되뇌듯 정보를 되먹이는 것입니다. 그러나 우리의 예상과 달리 외부의 새로운 사건들과 예전 기억이 뒤엉키면서 인공 신경망은 너무 쉽게 잊어버리는 약한 모습을 보입니다. 왜일까요? 나름의 방식으로 문제점을 파악한 인공 신경망은 조금씩 독립하기 시작합니다. 아이러니하지만 우리가 잊고 있었던 당연한 사실이 있습니다. 기억의 열쇠는 기억의 끈을 놓치지 않는 데 있는 게 아니라 바로 세련되게 잊어버리는 데 있습니다. 인공 신경망은 기억을 위한 생각종이를 주머니 깊은 곳에 넣어두고, 필요한 것들은 적고 필요 없는 것들은 과감하게 지워버리는 전략으로 성장해나가기 시작합니다.

독립체로 발전해나가던 인공 신경망은 과거와 미래에 대한 구분을 잊게 됩니다. 그리고 우리가 원래 그렸던 모습과는 많이 다르지만 무척 재미있는 방식으로 문제를 풉니다. 단순히 하나의 시점에서 다른 시점의 사건을 예측하는 데에만 집중하다 보면, 어느덧 미래를 예측하고 과거를 회상하는 문제는 하나가 됩니다.

어쩌면 우리가 그토록 당연히 여기는 과거와 미래의 구분이 우리의 기억을 옭아매고 있었던 것은 아닐까요? 이번 장은 기억의 실타래를 풀어내다 결국 모든 것을 끊어내고 이로 인해 다시 기억을 되찾게 되는 아이러니한 이야기입니다.

1

유동적 기억은 반드시 요절한다

기억의 생명 유지 장치, 되먹임

이전 장까지 다루었던, 개념의 추상화와 구체화를 위한 인공 신경망은 각각의 입력을 독립적인 사건으로 봅니다. 통계적으로는 '관측이 독립 항등 분포(Independent and identically distributed, i.i.d.)되어 있다.'라고 표현합니다. 인공 신경망이 빨간 사과를 보고 사과의 개념을 생각하고(개념의 추상화) 사과 그림을 그려보는 과정(개념의 구체화)을 생각해봅시다.

인공 신경망은 개념의 추상화 또는 구체화 과정이 끝나면 지금까지의 작업은 깔끔하게 잊어버립니다. 다음에는 노란 사과를 보고 사과의 개념을 생각하고 사과 그림을 그려봅니다. 일련의 과정이 끝나면 또다시 잊어버립니다. 그리고 귤을 보고 귤의 개념을 생각하고 귤 그림을 그립니다. 그런데 혹시 '사과-사과-귤, 사과-사과-귤, 사과-사과-귤'과 같이 일정한 보여주기 패턴이 있다면 어떨까요? 인간은 이 패턴을 알아채는 순간 다음 물체를 제대로 볼 필요도 없이 "사과", "귤" 하고 자신 있게 말할 수 있을 겁니다. 그러나 인공 신경망은 매번 주어진 일을 할 뿐입니다. 앞에서 사과를 보았는지 귤을 보았는지 사과 모형을 보았는지 전혀 신경쓰지 않습니다. 오직 현재에 충실합니다. 왜냐고요? 이 인공 신경망은 사과-사과-귤 따위의 패턴, 즉 모든 사건 사이의 연관성이 애초 존재하지 않는다고, 즉 독립사건이라 가정하고 있기 때문입니다.

그러나 우리 삶의 대부분은 독립사건이 아닙니다. 우리가 사용하는 언어, 우리 근처에서 일어나는 일련의 일들, 매 순간 우리의 행동과 그에 따라 변하는 주변 상황, 기억 속의 크고 작은 사건들 등은 복잡한 인과관계로 얽혀 있기에 개념의 추상화와 구체화 능력만으로는 이해할 수 없습니다. 만약 과거 오랜 시간에 걸쳐 쌓인 개념들을 종합하여 이해하고, 다른 시간과 다양한 장소에서 벌어진 사건들을 연관 지어 추상적인 개념을 만들어낼 수 있다면 앞으로 벌어질 일들을 예상할 수 있게 됩니다.

앞서 이야기했던 인공 신경망의 숙제가 '현재 경험으로부터 배운 개념이 미래에도 그대로 적용될 수 있을까?'였다면, 이번 장에서 인공 신경망이 풀어야 할 숙제는 '과거와 현재의 사건에 깔린 본질적 개념을 이해해서 미래를 예측할 수 있을까?'입니다. 이 문제의 핵심은—과거에 만들어낸 개념을 잊어버리지 않고 마음속 깊이 새기는 것—바로 기억입니다.

그럼 기억하는 가장 쉬운 방법은 무엇일까요? 앞 장의 추상화 신경망이 만들어낸 개념들을 컴퓨터에 새 파일을 저장하듯이 계속해서 다른 메모지에 옮겨 적어서 쌓아두면 됩니다. 영원히 변하지 않는 지식이라면 이렇게 메모해두어도 괜찮습니다. 필요할 때 꺼내 쓰면 되니까요. 그러나, 현실은 우리에게 더욱 많은 것을 요구합니다. 우리는 새롭게 벌어지는 사건들을 바탕으로 지식을 끊임없이 업데이트해야 하고, 같은 개념이라도 상황에 따라 재해석해야 하고, 내가 어떤 일을 하고 싶은지에 따라 다른 용도로 사용해야 합니다. 메모지가 인공 신경망과 분리되는 순간부터 이러한 일들을 하기 어려워집니다. 그래서 인공 신경망은 기억을 생각종이에 담아두고서 매 순간 신경망이 하는 일과 이 기억이 자유롭게 소통하는 모습을 꿈꾸어 왔습니다.

우리가 알고 있는 추상화 신경망이 생각종이의 점들을 메모함으로써 기억을 담아둘 수 있는지 상상해봅시다.

소포를 하나 받았습니다. 박스를 열어보니 여러 가지 물건들이 있습니다. 신경망은 각각의 물건들이 가진 개별적 의미보다는, 모든 물건들을 쭉 보고 나서 이 소포가 무엇을 의미하는지 알아내는 데 관심이 있습니다. 먼저 빨간 사과를 본 인공 신경망은 생각종이의 한 부분에 개념의 점을 찍고 결과를 메모지에 옮겨 적습니다. 이 점은 현재 눈앞에 놓인 빨간 사과에 대한 추상적 개념입니다. 다음 물건을 꺼내보니 노란 사과입니다. 별 문제없이 '사과'라 하면서 생각종이에 점을 추가하고 메모합니다. 그리고 다음 물건—연필입니다. 생각종이에는 또 하나의 점이 찍힙니다. 다음 물건은 하얀 캔버

스입니다. 현재에 충실한 신경망은 별 생각 없이 점을 추가합니다. 메모가 계속해서 늘어나지만 신경망에게 이 점들은 단지 다른 시점에서 벌어진 서로 다른 사건들일 뿐, 이 점들을 모아 하나의 개념을 만들지는 못합니다. 사실 이 소포는 '그림 그리기 세트'입니다. 빨간 사과, 노란 사과, 연필, 캔버스가 가진 개념들을 한데 모아 서로 연결하지 못하면 이해하기 어렵겠지요.

조금 다른 상황을 상상해봅시다. 이번에는 영화를 보고 있습니다. 첫 장면, 왕비가 찾아옵니다. 추상적 개념을 잘 배운 신경망은 '왕비'를 생각하고 메모합니다. 다음 장면, 빨간 사과를 줍니다. '사과'를 생각하고 메모합니다. 그리고 백설공주는 사과를 먹고 쓰러집니다. '누워 있는 백설공주'를 메모합니다. 이 시점에서 인공 신경망의 생각종이로부터 만들어진 메모지를 보면 점이 세 개 찍혀 있을 겁니다. 이 세 개의 점이 우리가 이 영화를 보고 이해한 내용과 같을까요?

그럼 이번에는 영화의 장면을 무작위로 섞어서 두 번째 영화를 만들어보겠습니다. 첫 장면―쓰러진 백설공주, 두 번째 장면―빨간 사과, 세 번째 장면―왕비의 방문. 이 시점에서 인공 신경망의 메모지를 확인해봅시다. 첫 번째 영화와 똑같은 세 개의 점이 찍혀 있을 겁니다. 네, 그렇습니다. 불쌍한 우리의 인공 신경망은 첫 번째 영화와 두 번째 영화가 같은 내용이라 생각합니다.

그러나 우리가 보기에 두 영화는 전혀 다른 이야기지요. 우리는 첫 번째 영화를 보고 왕비가 백설공주를 독살하려 한다고 생각할 것이고, 두 번째 영화를 보고 나서는 왕비가 집에 와보니 쓰러진 백설공주를 발견했다고 생각할 것입니다. 인공 신경망이 백설공주의 이야기를 이해하기 위해서는 왕비의 방문–빨간 사과–쓰러진 백설공주와 같은 일련의 사건에 깔린 인과관계를 이해해야 합니다. 즉, 빨간 사과에 대한 개념은 바로 앞에서 만들어진 개념이 왕비의 방문인지, 아니면 쓰러진 백설공주인지에 따라 달라져야 합니다. 신경망이 제아무리 사과를 알아보고 백설공주를 알아보고 왕비를 잘 알아본들 영화를 이해하기는 애초에 글렀습니다. 매 순간 형성되는 추상적 개념과 과거의 기억이 유기적으로 소통하지 못하는 인공 신경망이 서글픈 이유입니다.

이 문제를 해결하기 위한 인공 신경망의 전략은 바로 되먹임 Feedback입니다. 되먹임 인공 신경망이라 불리는 이 신경망은 매 순간 만들어지는 개념을 메모지에 적어두었다가 다음 시점에 되먹여 새로 만들어지는 개념과 섞습니다. 영화의 두 번째 장면에서 빨간 사과를 볼 때, 첫 번째 장면에서 왕비의 방문에 대한 생각종이의 점을 다시 꺼냅니다. 결국 두 번째 장면에서는 첫 번째 장면의 생각종이의 점과 두 번째 장면인 빨간 사과에 대한 생각종이의 점을 더해서 최종적으로 생각종이에 점을 찍습니다.

생각종이의 어느 지점에 빨간 사과의 점을 찍을 것인지는 바로 앞 장면의 점이 어디에 찍혀 있었는지에 따라 달라지겠지요. 이렇게 왕비의 방문–빨간 사과–쓰러진 백설공주의 인과관계에 대한 개념은 생각종이 속에서 살아 숨 쉬게 됩니다.

기억의 생각종이, 필름처럼 돌돌 말고 술술 풀다

이제 되먹임 인공 신경망은 생각의 되먹임이라는 방법을 통해 시간 속에서 벌어지는 사건들을 연관 지을 수 있는 능력이 생겼습니다. 인공 신경망의 생각종이를 거쳐간 과거의 사건들은 되먹임 연결을 통해 현재 시점으로 되돌아와 현재의 사건과 섞이게 됩니다.(그림 1의 왼쪽)

이러한 되먹임 과정은 하나의 인공 신경망 안에서 시간 축을 따라 정보가 전달되는 과정으로 볼 수 있으므로, 과거의 내가 현재의 나에게 보내는 메시지로 생각해볼 수 있습니다.(그림 1의 오른쪽) 즉, 되먹임 과정은 과거의 생각을 현재의 생각으로 보내어 섞고, 현재의 생각을 미래의 생각으로 보내어 섞는 반복적인 과정과 같습니다. 하나의 이야기를 담고 있는 영화 필름을 시간 순서대로 보기 위해 바닥에 놓고 굴려서 길게 펼쳐내는 장면을 상상해보시기 바랍니다.

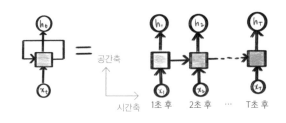

과거의 사건을 되뇌는
인공 신경망의 되먹임 구조

되먹이는 과정을
시간 축을 따라 풀어낸 개념

그림 1 인공 신경망의 되먹임.(자기 되먹임 구조)

이와 같이 인공 신경망의 되먹임 구조를 시간 축에 펼쳐놓고 보면, 좀 더 다양하고 복잡한 정보 전달 방식을 쉽게 떠올릴 수 있게 됩니다. 현재 시점에서 다음 층의 생각종이로 보낸 생각을 다음 시점에서 거꾸로 받아오는 상황도 그림 2처럼 그릴 수 있습니다. 물론 정보를 더 멀리 보냈다가 내가 원하는 시점에, 필요한 층에서 되먹임을 통해 받아올 수도 있습니다.(교사 강요Teacher forcing)

과거의 정보를 기록해두었다가 되먹임을 통해 미래로 보내는 일련의 과정을 반복하면 정보가 자연스럽게 쌓입니다. 이제 인공 신경망은 시간에 따라 정보를 요약할 수 있는 능력이 생겼습니다. 앞 장에서 이야기한 추상화 능력입니다. 또한 이 신경망에서 매 시점 모든 정보 흐름의 방향(화살표)을 모두 거꾸로 돌리면, 요약된 정보를 바탕으로 순차적으로 정보를 생성할 수도 있습니다. 앞 장에서 이야기한 구체화 능력입니다. 4장의 추상화와 구체화가 붙어 있는 구조(오토 인코더)도 되먹임 인공 신경망으로 만들 수 있습니다. 일련의 사건을 입력받으며 추상적 개념을 만들고, 이를 바탕으로 개념을 순서대로 풀어내 일련의 사건으로 구체화할 수 있게 됩니다.

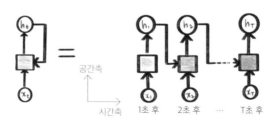

그림 2 인공 신경망의 되먹임 변형.(하향식 되먹임 구조)

되먹임 화살표 하나를 추가했을 뿐인데, 인공 신경망은 시간과 공간으로 정보를 추상화하고 구체화할 수 있는 능력이 생겼습니다. 두루마리 휴지와 같은 생각종이에 기억을 돌돌 말고 술술 풀어 낼 수 있게 되었습니다!

잘 끊어지고 엉키는 생각종이 되감기

두루마리 휴지처럼 술술 잘 풀려가던 이야기는, 두루마리 휴지처럼 끊어지고 엉켜버리고 맙니다. 기억이라는 종목에서도 잘나갈 것만 같았던 인공 신경망에 조금씩 문제가 드러나기 시작합니다.

첫 번째 문제는 학습하는 과정에서, 즉 기억의 생각종이를 되감는 과정에서 신경망이 잘 엉키고 쉽게 끊어진다는 것입니다. 되먹임 인공 신경망의 학습은 1장에서 소개한 오차 역전파 방식에 의존합니다. 인공 신경망의 지도 학습을 위해서는 오차 역전파 방식 외에 별다른 수가 없기 때문에 울며 겨자 먹기식으로 사용하고 있지만, 사실 이 방식은 시간을 거슬러 올라가는 데 적합한 방식은 아닙니다.

오차 역전파 방식으로 학습하기 위해서는, 그림 3의 파란색 화살표처럼 우선 시간의 순방향으로 오차 신호를 계산하고, 붉은색 화살표처럼 오차를 줄일 수 있는 방향의 정보를 시간의 역방향으로 보내야 합니다. 이 화살표들만 따라가다 보면 학습을 위한 정보 전달이 매우 활발하게 이루어지는 것 같지만 사실 이 모든 화살표들

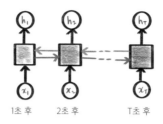

1초 후　　　　2초 후　　　　　T초 후

그림 3 되먹임 인공 신경망의 생각의 흐름과 오차 역전파 신호의 흐름.

은 하나의 층 안에서 되먹임한 부분에 불과합니다.

즉, 되먹임 인공 신경망의 오차 역전파 학습을 위해서는 공간을 거슬러 올라가야 할 뿐만 아니라 시간도 거슬러 올라가야 합니다. 되먹임이 없는 일반적인 인공 신경망의 경우에는 오차 역전파의 경로의 길이가 공간적 복잡도에 따라 결정되지만, 같은 구조를 가진 되먹임 인공 신경망의 경우 오차 역전파 경로의 길이가 공간적 복잡도 × 되먹임에 따른 시간적 복잡도(=생각 두루마리 휴지가 돌돌 말린 정도)로 엄청나게 늘어납니다. 되먹임 화살표 하나만 추가했을 뿐인데, 학습할 때는 수십 배 수백 배 이상의 부담이 생깁니다.

초창기 연구자들은 이러한 모든 부담을 컴퓨터에 맡겨두고, 즉 컴퓨터에서 학습 버튼을 누르고 한숨 자는 동안 알아서 잘 해결되겠지 하고 생각하면서, 되먹임 인공 신경망을 학습시켜보았습니다. 우리가 자는 동안, 오차 역전파 값들은 되먹임 경로를 거꾸로 따라가면서 같은 가중치가 곱해지고 곱해지고 또 곱해지며 걷잡을 수 없이 커지게 됩니다. 이 현상을 역전파 발산Exploding gradient이라 합니다. 아침에 일어나서 커피 한 잔을 하며 간밤에 잘 배웠는가? 하고 컴퓨터를 확인해보니 엄청나게 큰 숫자에 다른 정보들이 묻혀 인공신경망의 배는 산으로 가고 있습니다. 이것을 해결하려 어느 범위 이상의 값들은 모두 0으로 잘라버리는 강수(그래디언트 클리핑Gradient clipping)를 두기도 해보았지만 그만큼 학습 효율이 떨어지는 함정이 생깁니다. 기억을 업데이트하기 위해 생각종이를 되감아보려 하니 자꾸만 엉키네요.

그렇다면 컴퓨터에 초기 값을 작게 입력하자고 스스로에게 되뇌이며 다시 시작해보겠습니다. 이번에는 우리가 자는 동안 되먹임 경로를 거슬러 가며 같은 가중치가 한없이 곱해지면서 학습 정보가 한없이 작아지게 됩니다. 이 현상을 역전파 소멸Vanishing gradient이라 합니다. 아침에 일어나서 그래, 오늘은 잘 배우고 있는가? 하고 컴퓨터를 확인해보니 어제 새벽 한 시부터는 학습 값이 0이 되면서 밤새 하나도 안 배웠다고 합니다. 활성함수Activation function의 모양을 바꾼다든지 하는, 이 문제에 대해 잘 알려진 꼼수들을 써 보지만 역시 만족스럽지 않습니다. 새로운 것들을 기억하기 위해서는 생각종이를 되감아야 하는데 자꾸 끊어져버리는 현실이 야속하기만 합니다.

되먹일수록 짧아지는 생각종이의 수명

앞서 상황들은 어찌 보면 현실적으로 타협할 수도 있는 문제들입니다. 정말 심각한 문제는 기억 생각종이의 정보 전달 효율성이 떨어진다는 데 있습니다. 지금까지 인공 신경망의 기억력을 만들어내는 핵심 요소로 되먹임을 이야기했는데, 안정적인 되먹임 구조는 수학적으로 기대 수명이 정해져 있습니다. 유동적인 기억 능력을 가진 되먹임 인공 신경망의 기억은 결국에는 예외 없이 사라진다―과연 무슨 의미일까요?

여기서 잠시 인공 신경망이 기억을 위해 걸어온 길을 되짚어보겠습니다. 별도의 기억 창고에 저장하고 원할 때 꺼내는 쉬운 메모 방식은 유동적이지 않으니, 인공 신경망은 외부 입력을 받아들여 스스로에게 되먹이는 전략을 도입하여 쉽게 변형이 가능한 기억을 만들어내는 데 성공합니다. 아이러니하게도 이와 같은 방식으로 기억을 관리하는 시스템에서는, 짧은 기대 수명을 가질수록 효율성이 높아집니다. 되먹임을 많이 도입할수록, 새로운 것들을 적극적으로 받아들일수록, 즉 기억의 두루마리 휴지를 욕심내서 많이 감을수록 기억이 빨리 사라지게 된다는 이야기입니다.

산 넘어 산입니다. '왜 나에게만 이런 일이 생기는가'와 같이 운을 탓할 만한 상황은 아니고 사실 공학 시스템에서는 이미 잘 알려진 사실입니다. 오히려 공학 시스템에서는 이러한 특징이 주는 혜택을 마음껏 누려왔습니다. '비밀노트 7'에서 소개할 되먹임 구조의 피드백 제어 시스템의 경우 어떠한 입력이 아주 짧은 시간 동안 들어오면 시스템이 반응하고 나서 빠르게 원래 상태로 돌아갑니다. 이는 시스템의 반응속도Time constant라 불리며, 반응속도가 빠른 시스템은 외부 자극을 담아두는 기억의 수명이 짧다고 비유할 수

있습니다.(그림 4 왼쪽)

이렇게 빠른 반응속도(짧은 수명)를 가진 시스템은, 동일한 입력을 계속해서 넣어주면 시스템이 빠르게 그 입력을 반영한 상태에 도달한다는 장점이 있습니다. 운전할 때 가속 페달을 밟으면 차가 빠르게 반응해 원하는 속도에 도달하는 것, 브레이크 페달을 밟으면 차가 최대한 빠르게 서는 것 등이 바로 짧은 수명을 가진 되먹임 구조가 만들어내는 결과물입니다. 반대로 긴 수명의 되먹임 구조를 가진 자동차는 그만큼 길고 복잡한 반응 과정으로 인해 속도 조절 반응도 느리니 인내심을 가지고 운전해야 합니다. 물론 갑자기 정지할 수도 없으니 사고의 위험도 커집니다. 이렇게 되먹임 구조를 가진 공학 시스템은 짧은 수명을 추구해왔고, 그 혜택을 누려왔습니다.

반대로 기억의 문제에서는 짧은 기대 수명이 오히려 해가 됩니다. 새로운 것들을 잘 받아들이는 유동적인 기억을 위해서는 수명을 늘리는 데도 한계가 있고, 게다가 기대 수명 자체가 되먹임의 가중치에 따라 결정됩니다. 조금 과장해서 설명하자면, 어떠한 정보를 기억하기 위해 되먹임의 가중치를 조절하는 순간, 그 기억의 기대 수명이 변하게 된다는 것입니다. 물론 동일한 입력을 계속해서 넣어주어 강제로 기대 수명을 늘려줄 수는 있습니다.(그림 4 오른쪽 그래프) 그런데 이렇게 기억하는 동안에는 신경망이 새로운 정보를 받지도 못하게 되니 의미 없는 일이겠지요. 이러지도 저러지도 못하는 난감한 상황입니다.

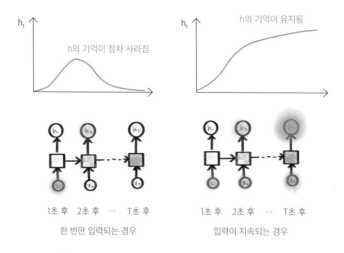

그림 4 되먹임 인공 신경망의 기억이 빠르게 사라지는 모습.(왼쪽)
되먹임 구조 속의 기억을 유지하기 위해 동일한 입력을 계속 넣어주는 모습.(오른쪽)
기억의 기대 수명은 되먹임 값에 따라 결정됨.

유동적인 기억을 위해 돌돌 말린 생각종이는 외부 입력을 받아
들이는 순간 수명이 짧아집니다. 되먹임이라는 기술을 무기로 기
억력 분야를 정복하려는 인공 신경망의 야심 찬 계획은 더 오래, 더
선명하게 기억하려 하면 할수록 오히려 잘 잊어버리게 되는 모순적
인 상황에 부딪히고 맙니다.

인공 신경망은 과연 기억과 망각의 딜레마라는 파도를 헤쳐나갈
수 있을까요?

되먹임에 대한 공학적 단상

되먹임은 현대 공학을 떠받치는 중요한 초석 중 한 방식으로, 되돌아오는 방식으로 적용되어 동작합니다. 이러한 필터는 입력 신호를 왜곡시키는 비선형적인 응답 특성이 있습니다. 연속적으로 들어오는 신호로부터 우리가 원하는 주파수 성분들을 추출하거나 원하지 않는 주파수 성분을 제거할 수 있습니다. 디지털 영상의 압축과 잡음 제거, 보청기나 노이즈 캔슬링과 같이 음성 신호 처리에 사용되는 등 정보를 처리하는 수많은 시스템에 다양한 용도로 활용됩니다.

제어 시스템에서도 필수적인 부분으로, 시스템의 출력을 입력단으로 되먹임하여 기준 입력과 출력을 비교하고, 그 차이를 최소화하는 데 사용합니다. 이는 피드백 제어Feedback control라는 개념으로, 시스템이 받은 입력을 바탕으로 원하는 출력을 오차 없이 빠르게 만들어내는 역할을 합니다. 전기 신호를 운동에너지로 바꾸거나 빛을 모아 전기로 바꾸는 것과 같이 하나의 에너지를 다른 에너지로 변환하는 소자나 시스템, 자동차를 운전할 때 액셀러레이터를 밟으면 엔진이나 모터의 출력이 커져서 속도가 빨라지는 것, 자동차가 과속방지턱이나 바닥의 장애물을 넘을 때 적극적으로 충격을 흡수하는 것, 공장의 생산 라인이 계속 작동하게 하는 것, 컴퓨터나 전자칩으로부터 전기 신호를 받아 로봇 팔이 움직이는 것 등 우리가 생각할 수 있는 대부분의 시스템에 피드백 제어의 원리가 적용됩니다.

되먹임의 대한 신경세포의 단상

되먹임 구조는 생물학이나 신경과학에도 거의 빠지지 않고 등장하는 개념입니다. 신경세포의 전기적 활동을 예로 들어보겠습니다. 세포의 신경 활성도는 세포막 내부와 외부의 전위차Membrane potential로 정의됩니다. 이 전위차는 다양한 종류의 이온 채널Ion channel들을 따라 들락날락하는 나트륨, 칼륨, 마그네슘, 칼슘 등과 같은 이온의 상대적인 농도에 따라 결정됩니다. 여기서 이온 통로는 마치 문처럼 열리고 닫히며, 이 문의 상태는 다시 신경 활성도에 의해 결정됩니다. 전위차는 축삭돌기의 끝부분에서 다시 신경전달물질로 변환되어 다음 신경으로 정보를 전달하게 됩니다.

정리해보면, 신경세포의 중간 출력인 전위차 정보는 전위차 정보를 결정하는 데 중요한 역할을 하는 입력단의 이온 통로에 다시 영향을 줍니다. 이와 같이 하나의 신경세포도 출력이 입력으로 되먹임되는 동적인 작은 시스템으로 볼 수 있습니다.

사실 우리 신경 시스템에서 되먹임은 매우 흔하게 발견되는 구조입니다. 대뇌피질, 해마 등 뇌의 많은 부위에서 가장 많이 발견되는 신경세포 종류 중의 하나인 피라미드 뉴런Pyramidal neuron의 수상돌기/가지돌기는 근처의 뉴런으로부터 입력을 받을 뿐만 아니라(기저수상돌기), 이미 축삭돌기를 통해 정보를 전달한 꽤 멀리 있는 뉴런으로부터 입력을 거꾸로 받기도 합니다.(선단수상돌기) 이렇게 내가 보낸 정보를 다시 읽어오는 정보의 흐름을 되먹임으로 볼 수 있습니다.

또 하나의 쉬운 예는 인간의 무릎 반사 신경입니다. 무릎을 고무망치로 가볍게 두드리면 해당 부위의 뉴런이 반응을 하게 되고 감각 신경 경로를 따라 척수로 이동하게 됩니다. 척수에 도달한 정보는 뇌로 올라가지 않고 바로 운동신경 경로를 따라 돌아오게 되며, 이 신호를 받은 무릎은 반사운동을 하게 됩니다. 이것도 전형적인 되먹임 시스템의 예입니다.

2

가늘고 길게 살 것인가,
열정적으로 짧게 살 것인가

두 생각종이의 협주

기억의 생각종이는 선택의 기로에 섰습니다. 새로운 것들을 적극적으로 받아들이며 짧지만 열정적인 삶을 살 것인가, 새로운 정보에는 둔감하지만 가늘고 긴 삶을 살 것인가. 전자의 경우는 유동적인 단기 기억으로, 후자의 경우는 상대적으로 덜 유동적인 장기 기억으로 비유해볼 수 있습니다. 그런데 꼭 하나를 선택해야 할까요? 두 마리 토끼를 모두 잡을 순 없을까요?

앞 장에서 인공 신경망은 이러한 딜레마를 많이 경험했고, 제법 괜찮은 방법으로 해결해왔습니다. 이 문제에 대한 신경망의 해결책은 바로 유동적인 단기 기억이 비유동적인 장기 기억을 돕도록 구성하는 것입니다.

기억할 것이 아주 많고 상황이 자꾸 바뀌는 우리 현실을 생각해봅시다. 변하는 상황 속에서 계속해서 흘러들어 오는 정보를 잘 흡수하려면 높은 유동성이 필요합니다. 이 문제는 수명은 짧지만 외부 입력을 적극적으로 받아들이는 생각종이에게 맡겨봅시다. 이런 생각종이는 사실 앞서 추상적 개념을 학습할 수 있는 신경망으로 쉽게 만들 수 있습니다.

그러나, 항상 모든 정보가 중요하다는 전제하에 일을 처리하다 보면 너무 바쁘고 무리가 따를 수밖에 없습니다. 그래서 현재 분위기, 배경, 문맥 등을 파악해 여기에 맞는 정보들을 선택적으로 취해 오랫동안 기억하는 전략이 필요합니다. 이럴 때는 둔감한 모습이 오히려 도움이 됩니다. 이 문제는 외부 입력에는 둔감하지만 긴 수명을 가진 생각종이에게 맡겨봅시다. 이 생각종이는 외부 입력으로부터 구조적으로 어느 정도 단절되어 있으므로, 외부 세계의 번잡함에서 한 발 물러나 있다고 볼 수 있습니다.

이렇게 서로 반대 성격을 가진 두 가지 생각종이가 있었고, 각자가 잘할 수 있는 역할을 찾았습니다. 이제 유동적 기억의 생명 연장이라는 꿈을 향한 두 생각종이의 협주가 시작됩니다.

단기 기억과 장기 기억을 결합하다

장단기 메모리(Long short-term memory, LSTM)라는 이름의 모델은 말 그대로 장기 기억과 단기 기억을 결합한 되먹임 인공 신경망(RNN)의 한 종류입니다. 1990년대 후반 셉 호흐라이터Sepp Hochreiter

와 유르겐 슈미트후버Jürgen Schmidhuber라는 독일과 스위스의 인공지능 연구자들에 의해 처음 제안된 이 방법은 짧은 기억의 수명과 학습이 잘 되지 않아 최적의 모델을 찾기 어려워지는 문제(기울기 소멸 Vanishing gradient)를 해결하면서 되먹임 인공 신경망 연구 2세대의 문을 활짝 열었습니다.

장단기 메모리 신경망이 커다란 한옥이라면, 장기 기억의 생각종이는 안채에 앉아 천천히 붓글씨를 써 내려가는 주인과 같습니다. 장기 기억을 담당하는 첫 번째 생각종이(Cell state)는 외부 입력으로부터 한 발 물러나 있어서, 비유동적이지만 긴 수명을 가지고 있습니다. 이 생각종이는 외부 세계의 자극에 느리게 반응하지만, 가지고 있는 정보를 끊임없이 스스로에게 되먹이는 과정을 통해 한번 기억한 것은 잊어버리지 않습니다. 또한 이 생각종이는 매우 단순한 되먹임 구조로 이루어져, 실수를 줄이기 위해 생각을 거슬러 올라가는 오차 역전파 과정(1장 참조)에서도 안정적인 성능을 유지할 수 있습니다.

이제 긴 수명은 확보되었으니, 유동성을 확보할 차례입니다. 두 번째 생각종이 역시 되먹임 구조를 가지고 있지만, 외부 입력과 직접 연결되어 있어 유동적이지만 수명이 짧습니다. 이 생각종이는 장기 기억으로 향하는 문지기 역할을 맡습니다. 장단기 메모리 신경망은 한옥의 문지기와 같습니다. 문지기 생각종이는 사실 두 명입니다. 한 명은 망각(Forget gate)을 전문으로 하고, 다른 한 명은 새로운 기억의 생성(Input gate)을 전문으로 합니다. 이 두 가지 생각종이들은 다양한 특징을 가진 활성함수를 이용해 더욱 높은 유동성과 오차 역전파 과정의 안정성을 확보합니다. 역할 분담을 하면 복잡한 일들을 처리하는 데 혼란이 적겠지요. 문지기의 백미는 여기서부터 시작됩니다.

장단기 메모리 신경망의 첫 번째 백미는 기억과 망각의 문지기가 서로 긴밀하게 소통한다는 점입니다. 장기 기억이 정보를 받아들여 새로운 기억을 생성해야 할 때, 기존 정보를 지우기 위해 망각의 문도 함께 열어줍니다. 기억하기 위해서는 잊어버려야 합니다. 반대로 현재 기억을 지우기 위해 망각의 문을 열어야 할 때는 잠시 새로운 기억 생성을 위한 기억의 문을 닫아둡니다.(게이트 순환 유닛 Gated recurrent unit, GRU) 그렇지 않으면 생성을 위해 새로운 기억이 장기

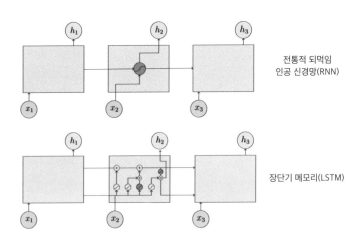

그림 5 RNN에는 되먹임이 하나밖에 없지만, LSTM은 장기 기억을 위한 되먹임과 단기 기억을 위한 되먹임 구조를 가짐.

기억 생각종이에 도달하려다 망각의 문으로 새어나갈 수 있겠지요. 무언가를 잊어가는 동안 새로운 기억은 잠시 미뤄둡니다.

장단기 메모리 신경망의 두 번째 백미는 안채의 주인이 문지기에게 명령을 하달하는 과정입니다. 문지기 생각종이가 감당해야 할 또 다른 숙명은 외부 세계의 온갖 쓸데없는 잡음까지 마주해야 한다는 것입니다. 그렇다면 어떤 입력에 장기 기억의 문을 열어주고, 어떤 기억을 무시해야 할까요? 단순히 문지기의 역할에 충실한 단기 기억 생각종이에게는 너무 벅찬 일이 아닐 수 없으니, 이때는 장기 기억 생각종이의 지시를 받습니다. 단기 기억이 외부 세계의 정보를 스스로에게 되먹여야 할지 결정할 때는 장기 기억이 일종의 문지기 역할을 합니다. 현재 단기 기억이 보고 있는 정보가 장기 기억이 현재 가지고 있는 정보와 궁합이 맞을 때, 장기 기억 생각종이는 단기 기억 생각종이의 되먹임을 위한 문을 열어줍니다. 이렇게 단기 기억 생각종이는 장기 기억 생각종이와 밀접하게 소통합니다. 손님이 오면 문지기가 안채로 뛰어가 주인에게 물어보고 어찌할지 결정하는 것에 비유해볼 수 있습니다.

이렇게 기억과 망각의 협주곡이 완성되었습니다. 주인(장기 기억 생각종이)과 문지기(단기 기억 생각종이) 이야기로 다시 한 번 정리해보겠습니다. 주인(Cell state)은 바깥 소음이 들리지 않는 조용한 안채에 앉아 천천히 무언가를 기록해나가고, 문지기들은 주인집의 문지기로서 외부 세계의 일들을 끊임없이 주인에게 전달합니다. 망각의 문지기(Forget gate)는 주인의 문서 중에 필요 없는 것들을 태워

없애는 일을 하고, 기억의 문지기(Input gate)는 주인에게 새로운 사건을 전달하는 일을 합니다. 그리고 두 문지기는 새로 도착한 중요한 문서가 실수로 소각되지 않도록 긴밀히 소통합니다.(게이트 순환 유닛) 또한 문지기는 새로운 손님이 올 때마다 주인의 지시를 받습니다. 주인이 "지금은 중요한 문서를 처리 중이니 잠시 기다리라 하여라."라고 한다면, 문지기는 손님에게 "잠시만 기다려 주시지요."(단기 기억의 되먹임)라고 전달합니다. 그리고 주인이 준비가 되면 이 손님의 문서를 주인에게 가져다줄지 결정하게 되겠지요.

생각종이의 꿈, 연속 학습과 평생 학습

앞서 이야기한 것과 같이 새로운 정보를 유연하게 받아들일 수 있으면서 오랫동안 안정적으로 기억을 유지할 수 있는 이상적인 인공 신경망은 어떤 일을 할 수 있을까요? 생각종이의 꿈이 이루어졌다고 가정하고 목표를 크게 잡아보겠습니다. 우선 변화하는 상황에 적응하며 계속해서 성장할 수 있습니다.(적응) 정보의 유연한 취사선택이 가능하다는 점에서 많은 양의 정보를 빠르게 습득하며 지식을 계속 확장할 수 있습니다.(확장) 기계학습 분야의 연속 학습Continual learning이라는 분야에서는 계속해서 변화하는 상황에 적응하는 신경망을 만드는 문제에 집중하고 있습니다. 이러한 연속 학습은 오랜 시간 동안 이루어진다는 의미에서 평생 학습Lifelong learning이라 불리기도 합니다. 다양한 작업이나 목표에도 적응할 수 있다는 점에서 다중 도메인 적응Multi domain adaptation, 다중 작업 학습 Multitask learning에도 사용되고 있습니다.

유동적 기억 능력이 부족한 인공 신경망을 이러한 문제에 적용하게 되면 치명적인 망각Catastrophic forgetting이라 불리는 현상이 나타납니다. 이는 직관적으로는 하나의 생각종이 안에 두 가지 이상의 생각을 담을 수 없다는 것을 의미합니다. 열심히 사과와 배를 구분하는 방법을 배운 생각종이가 있다고 합시다. 기존에 배운 것과 다른 새로운 경험이 쌓이거나(새로운 품종의 사과 출현), 목적이 바뀌었거나(사과와 배를 같은 과일로 취급), 지식을 확장하는(새로운 과일 오렌지에 대해 추가로 학습) 등의 상황에서 기존 생각종이에 새겨진 정보들을 업데이트해야 하는데, 새로운 정보를 쫓는 신경망은 예전에 애써 배웠던 것들은 깔끔하게 잊어버리게 됩니다.

태생적으로 새로운 지식을 쫓기 위해 만들어진 유동적인 신경망의 특성을 생각한다면 이는 어쩌면 당연한 현상입니다. 그렇다면 방금 소개한 장단기 메모리 신경망이 해결사로 활약할 수 있겠습니다만, 이 문제 앞에서 생각보다 큰 힘을 쓰지 못합니다. 기억해야 할 것들이 많지 않은 단순한 세상에서는 유동적 장기 기억이 잘 동작할 겁니다. 그러나, 새로운 정보가 쌓이고 목적이 바뀌고 지식이 확장되는 복잡한 세상에서 유동적 장기 기억은 금세 차버리고 맙니다. 주인집의 문서 보관함이 가득 차고 나면 제아무리 문지기들과 주인이 열심히 일한다고 한들, 과거의 지식들은 서서히 잊혀질 수밖에 없습니다.

이러한 치명적 망각 현상을 막기 위해 기계학습에서는 다양한 치료제들을 만들고 있습니다. 여기서는 접근 방법 측면에서 몇 가지만 소개하겠습니다. 가장 효과적인 방법은 역시 구관이 명관이라고, 앞서 2장에서 소개했던 단순함의 기술입니다. 정규화 기법을 도입하면 신경망 자체가 현재의 작은 경험에 일희일비하지 않게 되는 효과가 있으니, 변화하는 상황 속에서도 안정적으로 학습이 가능합니다.

두 번째 방식은 과거 학습했던 경험들을 날것 그대로 별도의 메모리에 저장해두었다가, 새로운 경험을 할 때 살짝 끼워 넣는 것입니다. 별도의 고정된 메모리를 활용하는 이 방식은 유동적인 기억이라는 고귀한(?) 목적을 추구하는 이상주의자 신경망에게 자존심 상하는 일이 아닐 수 없는데, 딱히 다른 명약은 없고 이 약이 그런대로 잘 듣는다 하니 쓸 수밖에 없지 않겠습니까?

세 번째 방식은 생각종이들을 직접 관리하는 것입니다. 새로운 것들을 배울 때는 되도록 새로운 생각종이들을 꺼내서 접고 예전 생각종이의 찍힌 점들이 많이 움직이지 않도록 꼭 잡아주는 전략을 생각해볼 수 있습니다. 인공 신경망이 태어날 때부터 아주 커서 여유가 많을 때 효과가 좋은 방식입니다. 인공 신경망이 마치 우리 뇌처럼 어마어마하게 많은 뉴런들로 구성되어 있어서 배울 준비가 되어 있다고 한다면 서로 다른 상황, 목적, 작업 종류마다 생각종이들을 다르게 조합할 수 있겠지요.

생각종이들을 활용하는 전략 중에 좀 더 유동적인 전략도 있습니다. 예전에 배운 생각종이들을 보면서 중요한 순서대로 간추리고 새로운 것들을 배울 때는 중요한 종이들을 되도록 건드리지 않는 것입니다. 장단기 메모리 신경망처럼 안정적으로 동작하게 만들려면 장기 기억이라는 방식을 더하면 됩니다.

유동적 기억은 그 자체로 모순적이기도 한 아주 이상적인 목표입니다. 이 문제를 완벽하게 풀어내는 인공 신경망이 있다면 사람처럼 안정적으로, 그리고 빠르게 지식을 축적해갈 수 있습니다. 수많은 연구자들의 노력으로 계속해서 새로운 방법이 나오고 있고, 그때마다 손에 잡힐 듯하다가도 새로운 문제점을 발견하면서 다시 멀어지는 과정을 반복하고 있습니다. 바로 내일 모든 것들이 해결될 수도 있고, 앞으로 50년 뒤에도 여전히 힘겨운 싸움을 하고 있을 수도 있습니다.

그런데, 반전이 있습니다. 기억을 정복하기 위한 치열한 싸움 속에서 인공 신경망은 문제 해결의 열쇠를 쥐고 있는 바로 그 '시간'이 가진 근본적인 특징을 버리는 강수를 둡니다.

아무렇게나 버리진 않고 아주 멋진 방법으로 잊어버립니다.

3

시간과 공간의 환전술

연주하기 어려운 시간과 공간의 협주곡

인공 신경망의 생각종이는 장단기 메모리 구조라는 아름다운 협주곡을 도입함으로써 마침내 유동적이면서 긴 수명을 확보하게 되었습니다. 그러나 보기 좋은 떡이 먹기도 좋다? 안타깝지만 여기서는 그 반대입니다.

첫 번째 문제는 공간적인 복잡도로 인해 학습이 어렵다는 점입니다. 주인과 문지기의 이야기를 다시 한 번 떠올려보면, 기억의 저장을 위한 전령사 문지기, 망각을 담당하는 문지기, 장기 기억을 유지하는 주인 등 각자 다른 기능을 담당하는 여러 사람들 사이의 관계가 얽혀 있어 균형 잡힌 업데이트가 어렵습니다. 이러한 특징으로 인해 많은 경우 학습이 잘 되지 않고, 개발자들이 많은 시행착오를 거쳐야 합니다. 복잡한 공간의 문제는 여기서 끝나지 않습니다. 지금까지 소개한 장단기 메모리는 단 하나의 빌딩 블록인데요, 실제 문제를 풀기 위해서는 여러 빌딩 블록이 필요하고, 또 이 빌딩 블록을 차곡차곡 쌓아서 계층으로 구성해야 합니다. 이 경우 오차 역전파를 위한 길은 상상할 수 없을 만큼 복잡해집니다. 한마디로 연주하기 너무 까다로운 곡입니다.

두 번째 문제는 시간적인 복잡도입니다. 게다가 오차 정보가 거슬러 올라가야 할 길이 너무 길어 학습이 느립니다. 오차 역전파 학습을 위한 통로만 보더라도, 단기 기억을 유지하기 위한 되먹임 시간 통로, 장기 기억을 유지하기 위한 되먹임 시간 통로, 단기 기억에서 장기 기억으로 향하는 보고 라인, 단기 기억을 통제하기 위한 장기 기억의 지시 라인 등 오차 신호가 발생하면 시공간에 놓인 수많은 통로들을 하나하나 거슬러 올라가야 합니다. 인간의 배 안에 자리 잡은 장의 길이가 인간의 키보다 몇 배나 길다는 것을 아시나요? 장단기 메모리 신경망의 장은 이보다도 몇십 배 더 길다고 생각하시면 됩니다. 한마디로 느려도 너무 느리게 배웁니다.

시간에 대한 골칫거리는 여기서 끝나지 않습니다. 이 신경망은 하나씩 순서대로 입력을 받아야 하기 때문에 딥러닝에 특화된 하드웨어들이 가진 고속 병렬 처리의 장점을 누릴 수 없습니다. 장단기 메모리 신경망을 구성하는 하나의 유닛이 저장할 수 있는 기억의 총량Memory bandwidth은 한정되어 있는데, 문제는 이 유닛이 원하는 시나리오대로 동작하기 위해서는 하나의 시간 스텝을 통째로 써야 한다는 것입니다. 결국 컴퓨터의 시간 단위당 기억 용량을 늘리기 위해서는 유닛을 추가해야만 하고, 이는 곧 컴퓨터의 메모리를 소비하는 문제로 귀결됩니다. 효율적인 계산 방식으로 메모리를 절약할 수 있는 길 자체가 막혀버렸습니다.

이야기가 더 복잡해지기 전에, 무엇을 얻었고 무엇을 잃게 되었는지 따져봅시다. 인공 신경망은 장단기 메모리 구조를 도입하여 유동적이고 좀 더 긴 수명을 얻었지만, 학습을 위해 거슬러 올라가야 하는 공간-시간적 길이 너무 복잡하고 길어져버렸고, 더 많이 기억하기 위해서는 그만큼 더 많은 시간과 메모리를 투입해야 하는 구조적 제약으로 인해 가성비가 좋지 않아졌습니다. 하드웨어가 2배로 좋아지면 성능은 4배, 10배, 그 이상이 되고, 효율적인 알고리즘이라면 하드웨어의 성능이 발전하는 속도 대비 얻는 계산적인 이득이 훨씬 커야 하는데도, 이 신경망은 발전하는 하드웨어의 유연함을 그 상태로 소박하게 누리고 있으니 아쉬움이 남습니다.

이렇게 장단기 메모리 신경망은 개념적으로 유동적이면서도 오래 기억할 수 있는 장점을 가지고 있음에도, 실수를 바로잡기 위해 시간을 거슬러 올라야 하는 순간이 오니 그 장점이 그렇게 거추장스러울 수 없습니다.

시간을 공간으로 환전하라

피드백 연결로 이루어진 정보 전달의 시간 통로들과 기억과 망각의 갈림길로 이루어진 정보 전달의 공간적 통로들 사이에서 길을 잃지 않기 위해서 인공 신경망은 주의집중Attention이라는 개념을 선택합니다. 이는 정보 전달의 모든 길을 다 열어주지 않고, 현재 상황에 맞을 법한 길들만 선택적으로 열어주고 조절하는 것입니다. 주의집중 방식으로 정보 전달의 효율성을 높이면 동일한 네트워크 구조만으로도 더 먼 과거의 정보까지 처리할 수 있게 되고, 결과적으로 더 먼 미래까지 예측할 수 있게 됩니다.

과거에 일어난 100가지의 사건들로부터 앞으로 일어날 100가지 일들을 예측한다고 합시다. 장단기 메모리 신경망은 과거의 100가지 사건들을 순서대로 읽으면서 장기 기억에 유의미한 정보들을 정리해나갑니다. 주의집중이 잘 되는 신경망은 100가지 사건들을 하나씩 접수받아 간추리지 않고, 20~30번째 사건을 볼 때쯤이면 현재 상황Context에 대해 대충 감을 잡고 사건을 듬성듬성, 핵심만 짚어가며 보기 시작합니다. 3개씩 건너뛰면서 볼 때도 있고, 어떨 때는 5개, 10개씩 건너뛰면서 볼 때도 있습니다. 이렇게 공간적 복잡도 문제는 조금씩 해소되기 시작합니다. 그러나 순차적인 입력을 받아야 하는 시간의 문제와 하드웨어 측면에서 좋지 않은 가성비는 여전히 아쉽습니다.

이 시점에서 자기 주의집중이라는 새로운 개념이 등장합니다. 2017년 발표된 "주의집중만 있으면 된다Attention is all you need."라는 제목의 논문은 그 후 약 5년의 짧은 기간 동안 4만 번 가까이 참조되는 등 많은 주목을 받았습니다. 자기 주의집중이란 무엇일까요? 스스로에게 집중하는 명상을 해 나를 찾아가는 모습을 상상하게 만드는 철학적인 이름과 다르게, 이 방식은 회귀 신경망의 옷을 벗어던지고, 초창기 순방향 생각종이 신경망의 단순함으로 회귀합니다. 순방향의 생각종이 신경망으로는 기억을 만들어낼 수 없어서 회귀 신경망을 생각했고, 장단기 메모리 구조를 더해 긴 수명의 유동적 기억까지 겨우 왔는데, 지금 와서 다 버리고 돌아간다고요? 깨달음을 얻고 다시 돌아가는 길은 전혀 수고롭지 않습니다. 멀고 먼 길을 돌아 금의환향한 선수의 이름은 바로 트랜스포머Transformer 신경망입니다.

트랜스포머 신경망은 우리말로 '변환하다'라는 뜻에 걸맞게 순차적인 사건을 입력받아 핵심을 추려내 기억하고 이를 원하는 형태로 풀어낼 수 있도록 설계되어 있습니다. 트랜스포머 신경망이 자기 주의집중을 할 수 있는 비결은 과거 회귀 신경망과 달리 모든 입력 또는 일정 시간 동안의 입력을 한꺼번에 받는다는 데 있습니다. 이 경우 시간 순서에 따른 방향성의 개념 형성은 약해질 수밖에 없으나, 시간은 확실히 아낄 수 있습니다.

과거에는 시간과 공간의 개념을 분리해서 해결하려 했다면, 여기서는 시간 순서에 따라 벌어지는 사건을 한 공간에 던져 넣기 때문에 인공 신경망의 입장에서는 시간의 개념이 사라지고 공간만 남게 됩니다. 이것이 시간적인 입력인지 공간적인 입력인지 모르지만, 일단 공간의 문제로 놓고 풀겠다는 것입니다. 이 공간에서는 먼저 발생한 사건과 나중에 발생한 사건이 모두 한 방에 모여 있으므로 서로가 서로를 참조할 수 있습니다. 즉, 과거의 사건으로 현재를 설명해보고 현재로 과거를 설명할 수 있습니다.* 이것이 바로 인공 신경망이 말하는 기억을 위한 '자기 주의집중'입니다.

이렇게 시간을 공간의 문제로 전부 환전해서 보면 또 어떤 이득이 있을까요? 우선 구조가 단순해지니 우리가 즐겨 사용했던 오차 역전파 학습이 쉬워질 것이고, 기억을 꺼내는 속도도 빨라질 수 있습니다. 일정 시간 동안 일어나는 사건들을 하나의 컴퓨터 시간 안에서 처리하게 되니 기억 용량에 비해 필요한 컴퓨터 메모리 양도 줄일 수 있습니다. 그리고 고속 병렬 처리를 위한 하드웨어의 고성능을 마음껏 누릴 수 있게 됩니다. 실제 문제를 풀기 위해 몸집을 크게 부풀릴 수 있음을 의미합니다. 이제 이 구조에 주의집중 능력을 잘 녹여 넣기만 한다면, 유동적이고 긴 수명이라는 기억의 꿈에 한 발 더 다가갈 수 있게 됩니다.

시간 순서가 존재할 때는 '과거를 회상하고 미래를 예측'하는 것이 맞습니다. 그러나 시간 순서가 해체된 인공 신경망의 머릿속에는 임의의 시점에서 다른 시점의 사건을 바라보고 있으니, 예측과 회상의 구분이 모호해집니다. 적어도 이 동네에서는 "과거를 예측하고, 미래를 회상하다."라는 표현이 전혀 이상하지 않습니다!

---

* 트랜스포머 신경망은 문장을 전체적으로 이해하는 것이 중요한 자연어 처리 분야에 많이 활용되고 있습니다. 우리가 문장을 이해할 때는 먼저 나온 단어로 나중에 나오는 단어의 뜻을 이해하지 않고, 뒷 단어를 보고 나서야 비로소 앞 단어의 의미를 잘 이해할 수 있는 경우도 많습니다. 자기 주의집중 구조가 자연어 처리에서 힘을 발휘하는 중요한 이유 중 하나입니다.

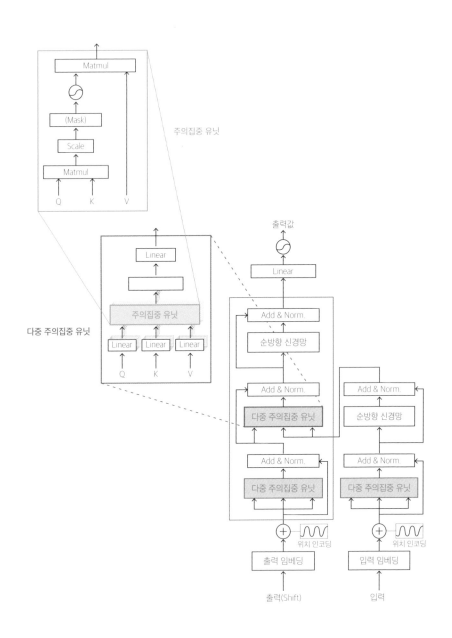

주의집중 유닛

다중 주의집중 유닛

Matmul

(Mask)

Scale

Matmul

Q   K   V

Linear

주의집중 유닛

Linear   Linear   Linear

Q   K   V

출력값

Linear

Add & Norm.

순방향 신경망

Add & Norm.

다중 주의집중 유닛

Add & Norm.

다중 주의집중 유닛

Add & Norm.

순방향 신경망

Add & Norm.

다중 주의집중 유닛

위치 인코딩

위치 인코딩

출력 임베딩

입력 임베딩

출력(Shift)

입력

그림 6 자기 주의집중 방식을 도입한 트랜스포머 신경망 구조의 예.

224

공간으로 시간을 구매하다

이제 자기 주의집중 신경망의 구조를 조금만 살펴보겠습니다. 이 신경망은 앞서 컨벌루셔널 신경망과 마찬가지로 여러 층을 쌓을 수 있는 기본적인 빌딩 블록으로 구성되어 있습니다. 빌딩 블록은 총 2층짜리인데, 1층에는 자기 주의집중 유닛이, 2층에는 이를 출력으로 받아 생각종이에 매핑하는 일반적인 신경망 유닛이 입주해 있습니다.(그림 6)

1층 자기 주의집중 유닛에는 쿼리Query, 키Key, 가치Value라는 세 종류의 일꾼이 있습니다. 이는 앞서 장단기 메모리 신경망에서의 장기 기억-기억의 생성-망각처럼 각자 다른 일을 담당하는 일꾼들로 구성되어 있다는 점에서는 비슷하지만, 돌돌 말린 생각종이와 같은 회귀적/되먹임 연결Recurrent connection이 없다는 점에서 다릅니다. 장단기 메모리 신경망에서는 회귀적 연결 속에 기억을 살려놓기 위해 입력하고 지우고 저장하는 역할들을 도입했지만, 회귀적 연결이 없는 이 경우에서는 이런 것들을 걱정할 필요가 없습니다.

쿼리, 키, 가치로 불리는 세 가지 생각종이들은 각자 다른 관점에서 입력된 정보들을 추상화하고, 서로 긴밀하게 정보를 교환합니다. 어떤 관점이냐고요? 잘 모릅니다. 인공 신경망이 외부 세계의 정보를 이해하기 위한 수단이니 반드시 인간의 언어로 해석되어야 할 필요는 없습니다.

세 가지 생각종이들이 하는 일을 계속 따라가 봅시다. 자연어 처리와 같은 분야에서는 각 단어들을 단어 임베딩Word embedding이라 불리는 사전 훈련된 함수를 이용해 숫자로 변환합니다. 이렇게 입력된 정보들은 쿼리 생각종이들(Q)과 키 생각종이들(K)에 점으로 찍힙니다. 그리고 이 생각종이들의 점들은 행렬 곱이라는 단순한 연산(간단히 표현하면 QK)을 통해 다른 생각종이로 옮겨지게 됩니다. 이렇게 하나의 입력이 두 가지 관점에서 해석되고 서로 참조되면서 새로운 개념을 만들어냅니다. 이 추상적 개념은 가치라 이름 붙은 생각종이들(V)과 다시 한 번 섞여 주의집중을 위한 개념을 만들어냅니다. 다양한 각도에서 과거와 현재의 사건들을 서로 참조하면서 추상화하는 과정을 거치면 비로소 전체적으로 무엇이 중요한지가 서서히 보이기 시작합니다.

시간 순서 없이 모든 것을 섞어버렸다고 해서 시간을 완전히 지워버린 것은 아닙니다. 시간 순서는 문맥을 이해하는 데에 여전히 중요합니다. 그래서 트랜스포머 신경망은 과거와 현재의 사건들은 하나의 방에 가두면서도 시간 정보를 살려두는 작은 꾀를 냅니다. 사건의 시간 순서를 삼각함수의 위상Phase 정보로 변환하는 것인데, 이는 위치 인코딩Position encoding이라 불립니다. 이렇게 하면 과거와 현재의 사건이 한꺼번에 입력되더라도 시간 순서에 대한 힌트가 여전히 남아 있게 되고, 한 방향으로 흘러 계속 커지는 시간의 크기도 삼각함수의 범위인 1과 –1 사이에 가둘 수 있게 되니 안정적으로 처리할 수 있게 됩니다. 이것으로 시간을 공간으로 보기 좋게 환전하는 데 성공합니다.

때는 바야흐로 하드웨어 기술이 비약적으로 발전하는 풍요의 시대, 인공 신경망은 메모리 공간이라는 카드를 마음 편히 꺼내 쓸 수 있습니다.(기억의 시간을 공간으로 구매할 수 있게 된 인공 신경망은 비로소 고속 병렬 처리가 가능한 하드웨어를 마음껏 이용할 수 있는 모습을 갖추게 되었습니다.) 트랜스포머 신경망은 갑부가 된 기분으로 공간이라는 화폐를 내고 시간을 사재기합니다. 시간을 잘 사는 만큼 기억은 풍부해집니다.

그렇다면 입력된 정보들 간의 관계나 문맥이나 상황에 따른 중의적인 표현까지 추상화가 가능할까요? 네, 공간을 내고 시간을 사면 됩니다. 단순히 여러 개의 자기 주의집중 블록을 만든 뒤, 병렬적으로 처리하여 조합하면 됩니다. 다중 주의집중Multi-head attention이라 불리는 기술입니다. 이 기술을 이용하면 하나의 입력에 대해 여러 가지 해석을 만들어낼 수 있습니다. 하나의 문장을 다양하게 해석하는 것도 가능해지고, 중의적인 표현들을 종합적으로 해석할 수도 있습니다. 여러 해석을 동시에 하려면 그만큼 오래 걸리지 않을까요? 그렇지 않습니다. GPU가 가진 병렬 처리 능력을 이용할 경우 이론적으로는 같은 속도로 처리 가능합니다. 물론 그만큼 공간(메모리)을 많이 써야 하지만, 소박한 시절의 걱정입니다. 하드웨어 재벌에게 이 정도 투자쯤은 거뜬합니다.

이렇게 인공 신경망은 입력들 간의 관계를 다양한 각도에서(때로는 인간이 해석하지 못하는 독특한 각도에서) 살펴보며, 풍부한 해석 능력의 보유자로 거듭나게 됩니다.

기억 꺼내기, 공간을 다시 시간으로 환전하라

지금까지는 흐르는 시간 속에서 개념의 추상화 문제에 대해 살펴보았습니다. 추상화 과정에서는 관찰한 사건들의 과거와 미래의 구분을 없애는 전략을 선택했고, '자기 주의집중'이라는 방법을 이용하여 미래의 사건으로부터 과거를 예측하고, 과거의 사건에서 미래를 발견할 수 있었습니다. 이 생각종이는 짧은 되먹임이 없으므로 긴 수명을 가지고 있습니다. 그리고 이 생각종이는 순방향의 구조로 1장의 생각의 역방향 학습 방식을 쉽게 적용할 수 있으므로 유동적으로 업데이트할 수 있습니다. 시간의 구분이 없어진 인공신경망의 기억은 인간이 기억하는 방법과는 조금 다를 수 있지만 유동적 기억이라는 꿈에 가까워졌습니다.

이번 장을 기억의 형성에 이어 기억의 구체화, 즉 인코더-디코더 문제로 확장해보겠습니다. 시간 순서에 따른 사건들을 종합적으로 이해하는 추상화 과정과 달리, 구체화 과정에서는 순서에 맞게 사건을 재구성할 수 있어야 합니다. 여기서 기억의 구체화 신경망은 앞서 4장과 같이 처음 사건을 그대로 재구성할 수도 있지만, 영어를 한글로 번역하는 것처럼 주어진 상황에 맞게 재해석해서 사건을 순서대로 재구성하는 것을 목표로 합니다.

그런데 유동적 기억을 위해 시간을 공간으로 환전하면서 시간의 흐름이 거의 지워졌습니다. 유동적으로 기억을 만들 때는 참으로 도움이 되는 전략이었지만 기억을 꺼내려 하니 오히려 독이 된 듯

합니다. 기억의 추상화 과정에서 모호해진 과거와 미래의 구분을 구체화 과정에서 되살릴 수 있을까요?

결자해지라고, 주의집중으로 생겨난 문제는 주의집중을 이용해 풀 수 있습니다. 단, 여기서는 주의집중의 뒷면을 이용합니다. 우리가 볼 수 있는 것들을 있는 그대로 보지 않고 의도적으로 가리는 것입니다. '가린다.'라는 것은 의도적으로 주의집중하지 '않는' 것과 같습니다! 이 철학을 바탕으로 기억의 구체화 과정에서는 주의집중하는 범위를 과거 사건들로 제한합니다. 주의집중 마스크Attention mask라 불리는 전략으로 구체화 과정에서 지금까지 벌어진 사건만을 다시 입력으로 받도록 강제적으로 제한하는 기술입니다.

우리가 시력 검사할 때, 한 공간에 과거와 미래의 개념들이 모두 있는 상황에서 미래를 볼 수 있는 눈을 가려버리는 모습과 같습니다. 트랜스포머 신경망의 철학을 계승한 BERT나 GPT와 같은 알고리즘들은 바로 이렇게 가리는 전략을 더욱 적극적으로 활용하고 있습니다.('비밀노트 9' 참조) 이렇게 하면 구체화 신경망은 꼼짝없이 현재까지 벌어진 사건을 바탕으로 다음 사건을 예측하는 방법을 배워나가야만 합니다.

지금까지 기억에 대한 인공 신경망의 도전기를 살펴보았습니다. 유동적 기억을 만들기 위해 자기 주의집중으로 시간을 지워나갔고, 시간이 지워진 세상에서 기억을 순서대로 꺼내기 위해 주의집중 마스크로 지워진 시간을 되살렸습니다. 과거의 사건을 스스로 예측해보는 과정을 통해 추상적 기억을 만들어내고, 이로부터 기억 속 사건들을 순서대로 재구성해낼 수 있게 되었습니다. 이렇게 기억을 재구성하는 과정은 마치 미래를 회상하는 것과 같습니다. 4장의 추상화-구체화 신경망의 구조와 5장의 자기 주의집중이 손잡아 만들어낸 멋진 결과입니다.

부분을 가리니 전체가 보인다

트랜스포머 신경망이 가장 빛을 발휘하고 있는 분야는 자연어 처리 분야입니다. 자신감이 생긴 능력자 인공 신경망에게는, 모호하고 복잡하고 종종 중의적이며 문맥이 중요한 인간의 언어야말로 한 번쯤 도전해볼 만한 문제가 아닐까요?

고속 병렬 처리가 가능한 자기 주의집중 기능을 탑재한 신경망이 언어모델링 문제에 적용된 1세대는 GPT(Generative Pre-trained Transformer)라 불리는 모델입니다. 이름의 의미로부터 유추해볼 수 있듯이 엄청난 크기의 말 뭉치로부터 사전 학습된 모듈 기반의 디코더 트랜스포머 신경망입니다.

그 2세대는 BERT(Bidirectional Encoder Representations from transformers)라는 이름의 모델인데, 우리가 시험 공부할 때 일부 내용들을 가리고 맞춰보는 방식으로 공부하는 과정을 흉내 낸 인코더 트랜스포머 신경망입니다. 아무 데나 가리고 다른 곳을 추론해본다는 점에서 시간의 방향성으로부터 좀 더 자유로운 모습을 보입니다. 그 뒤에는 GPT2, GPT3 등이 나오면서 기억 용량과 처리 속도가 빠르게 성장하고 있습니다. 자기 주의집중이 쏘아 올린 작은 공을 공학 시스템이 이어받아 열심히 달려나가고 있습니다.

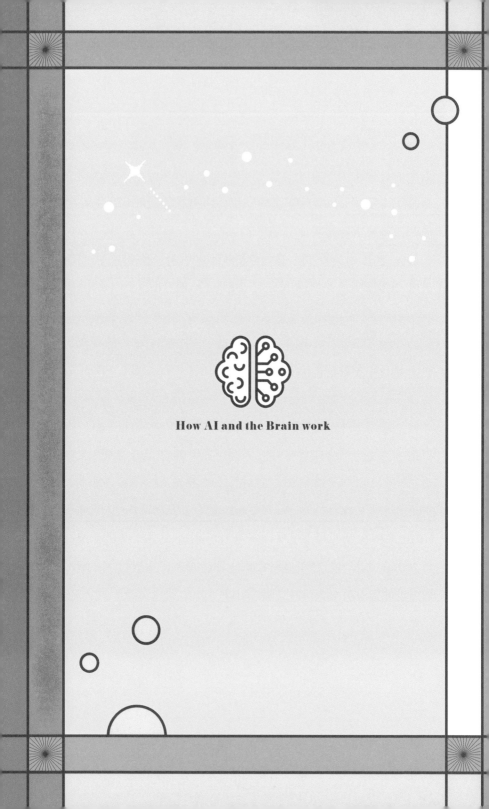

How AI and the Brain work

6장

생각이 시간과 공간을 넘나드는 마법을 부리다

딥러닝은 뇌를 닮고 싶다

○ ■ ●

1장에서 우리는 개념을 추상화하는 인공 신경망의 생각의 순방향, 그리고 실수를 바탕으로 학습한 개념을 조금씩 고쳐 나가는 생각의 역방향에 대해 이야기했습니다. 이번 장은 이러한 생각의 순방향-역방향이라는 프레임으로부터 탈출하기 위해 인공 신경망이 고군분투하는 이야기에서 출발합니다. 그리고 이야기는 이 문제에 대한 신경세포의 답안지를 살짝 열어보는 것으로 끝납니다.

우선 인공 신경망은 신경망의 역방향을 따라가는 학습 전략이 가진 모순을 깨닫고, 이 프레임에서 벗어나려 노력합니다. 고뇌하던 인공 신경망은 오차 역전파 방식의 도움 없이도 쉽게 배우는 신경세포를 조금씩 관찰하기 시작합니다. 그런데 인공 신경망이 아직 깨닫지 못한 사실이 있었으니, 그것은 신경세포가 인공 신경망과 생각하는 방식 자체가 다르다는 것입니다. 신경세포의 메커니즘은 너무나 복잡하기 때문에 우리의 인지능력으로 그 원리를 단번에 이해하기는 어렵습니다. 그래서 여기서는 우리가 비교적 잘 이해하고 있는 인공 신경망의 관점에서 신경세포가 생각하는 방식을 엿볼 예정입니다.

앞서 5장까지의 문제는 인공 신경망의 생각의 흐름을 따라가는 것만으로도 어느 정도 해결되는 것들이었습니다. 그러나 이번 장에서부터는 인공 신경망 혼자서 해결하기 벅찬 문제들이 등장하기 시작합니다. 뇌 신경망 속에 그 해법이 있는 것 같지만, 안타깝게도 우리는 우리의 뇌를 완전히 이해하지 못한 상태입니다. 그래서 앞으로는 인공 신경망과 뇌 신경망의 생각의 흐름을 조금씩 섞어보면서 답을 찾아가겠습니다.

1

뇌를 닮고 싶은 딥러닝의 치트키

인공 신경망의 전지적 작가 시점

1장 마지막에서 이야기했던 인공 신경망의 생각의 역방향(오차 역전파 학습)에 대해 좀 더 살펴보겠습니다. 인공 신경망은 새로운 입력을 받으면 생각종이의 순방향을 따라 추상적인 개념을 형성하게 되고, 이를 바탕 삼아 최종적으로 예측하게 됩니다. 신경망의 예측값과 실제 정답이 얼마나 다른지, 즉 오차를 계산해서 오차를 줄이는 방향으로 생각종이를 고치게 됩니다. 이는 마지막 생각종이부터 처음 생각종이 순서로 역방향으로 이루어집니다. 여기까지는 우리가 잘 알고 있는 내용입니다.

각각의 생각종이를 얼마나 어떻게 고쳐 접을 것이냐를 결정할 때 필요한 정보들을 계산해보면 중복되는 항목이 많습니다. 마지막 생각종이를 고쳐 접기 위해 계산한 내용 중 일부는 마지막에서 두 번째 생각종이를 고쳐 접기 위한 계산에도 필요합니다. 마찬가지로 마지막에서 두 번째 생각종이를 고쳐 접을 때 필요한 정보 중 일부는 마지막에서 세 번째 생각종이를 고쳐 접을 때도 필요합니다. 같은 내용을 두 번 계산하는 비효율성이 싫은 인공 신경망은 다음과 같은 전략을 선택합니다. 생각종이를 고쳐 접기 위해 계산한 내용들을 메모리에 저장해두었다가, 바로 다음 시점에 바로 앞의 생각종이를 고쳐 접을 때 꺼내 씁니다. 메모리를 써서 시간을 절약하는 것이지요. 앞서 시간을 공간으로 환전하는 아이디어를 떠올려보셔도 좋습니다.

중복을 피하기 위해 메모리에 저장되는 내용 중에 가장 무겁고 중요한 정보가 바로 생각종이의 현재 상태를 표현하는 가중치Weight 정보입니다. 각 층마다 10만 개의 가중치를 가진 덩치 큰 신경망이 있다면, 생각종이를 하나씩 고쳐 접을 때마다 10만 개의 숫자를 곱

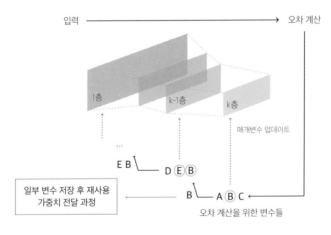

그림 1 인공 신경망의 오차 역전파 학습을 위한 가중치 전달 과정.

하고 더하는 계산을 절약할 수 있다는 사실은 (물론 메모리가 충분히 확보되어 있어야 하지만) 아주 큰 장점입니다. 이렇게 오차 역전파 학습 과정에서 각 층의 가중치를 메모리에 저장했다 다음 층의 업데이트를 위해 재사용하는 과정을 가중치 전달 과정Weight transport이라고 부릅니다.

가중치 전달 과정은 대단히 새롭고 혁신적인 전략은 아니고, 컴퓨터 과학 분야에서 동적 계획법이라 불리는 계산 전략을 오차 역전파 과정에 적용한 것입니다. 이 기술을 이용하면 딥러닝이라 불리는 거대하고 무거운 신경망을 우리의 인내심이 다하기 전에, 컴퓨터가 누진세 폭탄을 안기기 전에 학습시킬 수 있게 됩니다. 인공 신경망의 관점에서 보면 미리 하향식으로 모든 계획을 완벽하게 짜놓고 움직일 수 있는 컴퓨터의 세상, 즉 가중치 전달 과정은 효율적이고 경제적인 방법이 아닐 수 없습니다. 수식으로 학습 전략을 완벽하게 짜놓고, 메모리를 통해 임의의 변수가 모든 정보에 빠르게 접속할 수 있도록 학습 전략을 실행 코드로 만드는 것이니 대단한 전지적 작가 시점이라 할 수 있겠습니다. 학습을 위한 생각의 역방향 게임에서 가중치 전달 과정은 그야말로 만능 '갓 모드God mode'입니다!

그러나 이러한 학습 전략은 변화하는 상황에 적응하기 위해 계획을 세워나가면서 대처해야 하는 우리 뇌와 같은 생물학적 신경망의 관점에서는 이루어질 수 없는 비현실적인 시나리오입니다. 우리가 뇌 신경망 안에 있는 하나의 신경세포라 합시다. 생물학적인 신경망이 가중치 전달 과정을 통해 학습을 한다는 것은, 하나의 신경세포가 앞 신경세포와의 연결성을 업데이트하기 위해서 바로 뒤의 층에 위치한 신경세포 수백만 개의 연결 정보 전체를 받아와야 한다는 것을 의미합니다. 생물학적 신경망의 그 어느 부분을 뜯어봐도 이와 같은 장대한 정보의 이동 과정은 없어 보입니다.

그렇다면 국소적으로 정보를 주고받는 것처럼 보이는 생물학적 신경망의 학습 비결은 무엇일까요? 전지적 작가 시점, 갓 모드가 아닌 1인칭 주인공 시점에서도 생각종이를 척척 고쳐 접는 생물학적 신경망의 학습 비결은 무엇일까요? 생물학적 신경망은 가중치 전달 과정 없이도 학습할 뿐만 아니라, 많은 경우 인공 신경망보다 적은 경험에서도 더 빨리 배우기도 하고, 하나의 경험을 일반화하는 등 장점이 많습니다. 인공 신경망이 고성능 자동차, GPS, 실시간 구글맵으로 무장하고 전체 상황을 파악하면서 조직적으로 이동하는 팀이라면, 생물학적 신경망은 전체를 볼 수 있는 지도 하나 없이 막대기로 더듬더듬하면서 움직이는데 결과적으로 길을 잘 찾아가는 상황에 빗댈 수 있습니다.

인공 신경망은 생물학적 신경망의 이런 모습을 조금씩 탐내기 시작합니다. 즉, 어떻게 하면 가중치 전달 과정 없이도 학습할 수 있을지 고민하기 시작합니다. 이 고민 속에는 단지 학습을 흉내 내려는 욕심보다는, 생물학적 신경망의 정보 처리 과정 속에 학습의 궁극적인 비밀이 숨겨져 있을지도 모른다는 막연한 기대감이 자리 잡고 있습니다.

전지적 작가 시점의 학습 프레임에서 벗어나다

이제 오차 역전파 알고리즘이라는 갓 모드를 사용하지 않고 생각의 역방향이라는 게임을 해보려 합니다. 가장 쉽고 유치한 해결 방법은 문제의 원인을 제거해버리는 것―역방향 갓 모드라고 비판받는 당사자인 가중치 전달을 끊어버리는 것입니다. 그런데, 여기서 문제는 인공 신경망이 바로 이 가중치를 이용해서 추상적 개념을 만들어내는 주인공이라는 점입니다. 인공 신경망이 틀린 생각을 하고 있을 때, 오차의 원인을 제공한 가중치 정보 없이 생각종이를 고쳐 접을 수 있을까요?

2016년 영국 옥스퍼드 대학과 딥마인드의 연구자들은 인공 신경망이 이런 말도 안 되는 학습 시나리오에서도 학습이 가능하다는 것을 확인했습니다. 인공 신경망에 오차 역전파 알고리즘의 주인공인 가중치 정보를 아예 제거하고 대신 아무 의미 없는 정보(난수 Random number 행렬)를 넣고 학습시켰습니다. 이는 역전파 정렬Feedback Alignment이라 불리는 방식으로, 학계에서 많은 주목을 받았습니다. 인공 신경망의 지도 학습 방식에서 척추에 해당되는 부분을 제거하고도 자력으로 걷는 것이 가능하다는 시범을 보인 것입니다. 좀 과장해서 말하자면 기존 컴퓨터 코드에서 핵심이 되는 한 줄을 망가뜨린 것과 같습니다. 모두가 당연하다 여겨왔던 것을 의심하고, 틀렸다는 것을 보여주는 것만큼 짜릿한 반전이 또 있을까요?

이제 생각의 순방향 세상에 사는 가중치가 없어도 생각의 역방향 세상이 무너지지 않는다는 것을 깨달았습니다. 그 다음 질문은 당연히 '왜 무너지지 않는가?'입니다. 연구자들은 개념의 추상화를 위한 생각의 순방향을 구성하는 가중치 행렬이, 학습이 진행됨에 따라 생각의 역방향에 대신 넣어준 난수 행렬을 닮아간다는 것을 발견했습니다. 사실 역전파 '정렬'이라는 이름은 순방향의 가중치가 점차 역방향의 난수 행렬을 닮아간다는 의미입니다. "자리가 사람을 만든다."라는 말처럼, 직업에 맞는 사람을 찾으려 하기보다는 일단 아무에게나 일을 맡겨두면 시간이 지나면서 자연스럽게 그 직업의 전문가가 되는 것과 비슷한 이치입니다. 생각의 순방향 세상에서 온 가중치와, 생각의 역방향 세상에서 온 난수 행렬이라는 부부는 학습 과정을 통해 서로 닮아가고, 그 결과 순방향과 역방향 생각이 점차 어우러지는 모습을 상상해보셔도 좋습니다.

일인칭 주인공 시점의 학습 게임

역방향 생각을 대충 고정시켜 두면 순방향의 생각이 알아서 역방향 생각을 닮아간다는 것을 알았습니다. 그렇다면 역방향의 생각도 순방향의 생각을 조금씩 닮아가도록 하면 어떨까요? 그럼 두 가지 생각이 조금 더 빨리 하나의 생각으로 발전할 수 있지 않을까요? 역방향 생각이 순방향 생각을 통째로 베껴 쓰는 갓 모드 없이, 즉 전지적 작가 시점 없이 두 생각이 서로 닮아가도록 할 수 있을까요? 캐나다 토론토 대학과 영국의 딥마인드 연구자들은 이 상황을 일인칭 주인공 시점에서 다시 써 내려가기 시작합니다.

일인칭 주인공 시점에서 생각의 역방향 게임을 이해하기 위해 잠시 우리 자신이 인공 신경망의 뉴런이 되었다고 상상해봅시다. 여러분의 임무는 앞서 1장 끝에서 비유한 '고요 속의 외침' 게임과 같이 앞사람(뉴런)으로부터 정보를 받아, 여러분 나름대로 해석한 뒤 다음 사람에게 전달하는 것입니다.

먼저 고요 속의 외침 게임, 즉 생각의 순방향을 상상해봅시다. 여러분은 받은 메시지(뉴런의 입력)와 이를 바탕으로 다음 사람에게 전달할 메시지(뉴런의 출력) 사이의 관계*에 대해 생각합니다. 이 관계 정보는 특별히 복잡한 것은 아닙니다. 단순히 내가 앞사람으로부터 받은 메시지를 다음 사람에게 전달할 때 무엇을 다르게 표현하였는가에 대한 것입니다.

이제 하나의 게임이 끝나고 정답을 외친 마지막 사람부터 시작해서 반대 순서로 앞사람에게 무엇이 틀렸는지를 설명해줍니다, 즉 생각의 역방향입니다. 이때는 내가 앞사람의 메시지를 이해한 방식을 바탕으로 설명(가중치 전달)하지 않고, 앞사람으로부터 전달받은 메시지와 다음 사람에게 전달한 메시지 사이의 관계만 대충 설명해줍니다. 예를 들어, "네게 '토끼'라는 메시지를 받았을 때 나는 두 손을 귀에 대고 깡충깡충하는 것으로 다음 사람에게 설명

---

* 더 정확히는 뉴런의 입출력 벡터에 대한 공분산의 기대값으로 계산됩니다.

했어." 하고 말하는 것과 유사합니다. 이것이 바로 가중치 거울Weight mirror이라 불리는 기술입니다. 이러한 작전은 우리가 상상할 수 있는 대부분의 상황에서 전지적 작가 시점에서의 생각의 역방향 게임 방식과 동일합니다.*

전지적 작가 시점으로 생각의 역전파 게임을 해온 인공 신경망은 이제 생물학적 신경망처럼 일인칭 주인공 시점으로 게임을 하고 싶어 합니다. 이번 장에서 소개한 바와 같이 오차 역전파 게임의 틀 안에서 생물학적 신경망의 정보 전달 방식을 흉내 내는 것 자체도 재미있지만, 더욱 흥미로운 점은 생물학적 신경망이 인공 신경망과는 전혀 다른 방식으로 게임을 풀어가고 있다는 사실입니다. 인공 신경망이 집착하는 가중치 전달은 빙산의 일각인지라, 이 문제에만 집중하면 전체 그림을 보기 어렵습니다.

그래서 다음 장에서는 생물학적 신경망의 '일인칭 주인공 모드'를 더 자세히 엿보려 합니다. 힌트를 드리자면, 생물학적 신경망의 구성 요소 중에서 비교적 잘 알려진 신경세포에서는 적어도 두 가지 다른 스케일의 생각들이 모여 하나의 줄기를 만들어갑니다. 백분의 일 초 단위의 빠른 반응 그리고 초, 분, 시간 단위의 느린 변화. 이 두 가지 생각의 하모니가 어떻게 생각의 순방향과 역방향의 게임을 풀어가는지 알아보도록 합시다.

---

* 연구자들은 가중치 거울이 신경망의 최초 입력의 평균이 0에 맞춰져 있고 단순한 분산 구조를 가지는 정규분포를 따를 때, 기존의 가중치 전달 과정으로 볼 수 있다는 것을 증명했습니다.

뇌 안에 살고 있는 다양한 세포 식구들

여기서 이야기하는 전기적 특성을 가진 신경세포가 생물학적 신경망의 전부는 아닙니다. 신경세포의 분자 생물학적 특성은 너무나 복잡해서, 아직은 인공 신경망의 관점에서 제대로 해석할 수 있는 부분이 많지 않습니다.

사실 우리의 뇌에서 신경세포는 수많은 구성원 중 하나에 불과합니다. 예를 들어, 뇌에서 가장 많은 부분을 차지하고 있는 신경 아교 세포들Glia cell, 그리고 그중 대표적인 별 아교 세포Astrocyte는 별 모양의 세포로 주로 뇌와 척수에 분포합니다. 신경세포와 생화학적으로 밀접하게 소통하며 영양분을 공급하는 역할을 하므로 신경세포의 부모와 같은 관계로 볼 수 있습니다.

최근에는 별 아교 세포가 중뇌 보상 학습에 관여한다는 뇌과학 증거 등 학습과 관련된 다양한 기능들이 밝혀지고 있습니다. 별 아교 세포와 신경세포를 하나의 틀 안에서 볼 수 있는 날이 생각보다 빨리 올지도 모릅니다.

2

반응은 빠르게, 변화는 느리게

신경세포의 빠른 반응

먼저 신경세포의 정보 전달 과정에 대해 알아봅시다. 신경세포의 실제 전기적·화학적 작동 방식은 엄청나게 복잡한데,[*] 여기서는 그나마 인공 신경망과 비교할 수 있을 법한 상위 수준의 전기적 반응 특성에 대해서만 간략하게 소개하겠습니다.

신경세포의 입력은 수상돌기라는 곳에서 이루어집니다. 수상돌기에는 다양한 종류의 이온 통로들이 있고, 이들은 각자 다른 종류의 이온들을 선택적으로 통과시킵니다. 수상돌기를 인공 신경망의 관점에서 본다면 뉴런의 입력과 같습니다. 수상돌기에서는 양

• 실제로 신경세포의 화학적 정보 전달 과정은 매우 복잡합니다. 신경의 반응 특성에 영향을 미치는 신경전달물질만 해도 한 번쯤 들어봤을 법한 도파민과 세로토닌 외에 글루타메이트, 가바, 아세틸콜린 등 다양한 종류가 있으며, 각각 다른 방식으로 신경세포의 기능에 영향을 끼칩니다.

의 전하를 가진 나트륨Na+이나 칼슘Ca2+들이 이온 채널을 통해 들어오거나 칼륨K+이 밖으로 빠져나가게 되는데, 그 결과 신경세포의 몸에 해당되는 세포체Soma 안과 밖에 상대적인 전위차가 발생합니다. 이것을 막전위Membrane potential라 합니다. 막전위를 인공 신경망의 관점에서 본다면 뉴런의 출력으로 비유할 수 있습니다. 신경세포의 내부에서는 막전위를 이용한 전기적 신호 전달이 이루어지고, 신경세포들 사이에서는 신경전달물질Neurotransmitter을 통한 화학

그림 2 신경세포의 입력과 출력.

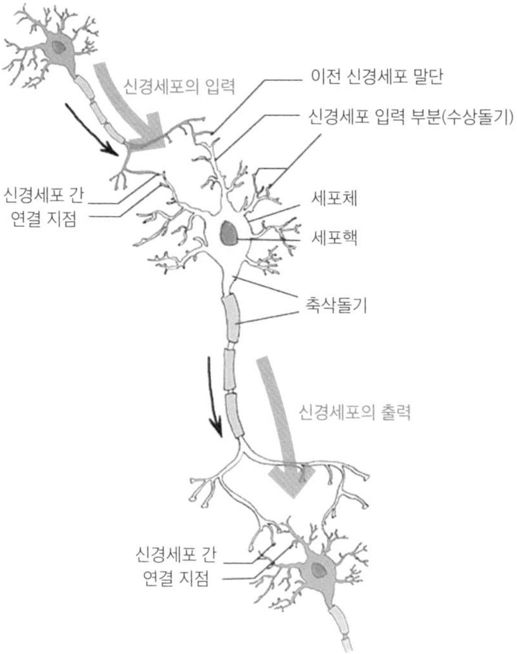

신경세포의 입력
이전 신경세포 말단
신경세포 입력 부분(수상돌기)
신경세포 간 연결 지점
세포체
세포핵
축삭돌기
신경세포의 출력
신경세포 간 연결 지점

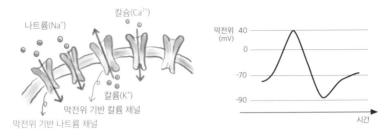

그림 3 신경세포의 수상돌기에 위치한 다양한 이온 채널(왼쪽)과 막전위 변화.(오른쪽)

적 신호 전달*이 이루어집니다.

수상돌기를 통해 입력을 받아서 막전위로 변환한 뒤 다음 신경세포로 정보를 전달하는 일련의 과정만 보면 신경세포와 인공 신경망의 뉴런은 비슷한 점이 많습니다. 지금부터는 인공 신경망과 다른 신경세포의 생각법에 대해 살펴보겠습니다.

앞서 소개한 이온 채널들이 열려 있을 때는 이온들이 자유롭게 들락날락하고, 반대로 닫히면 아무도 통과하지 못합니다. 여기서 흥미로운 특징은 이온 채널들이 열리고 닫히는 상태가 신경세포의 막전위에 따라 달라진다는 것입니다.** 이해를 돕기 위해 신경세포가 작은 방이고, 다양한 종류의 이온 채널들을 각각 아이 전용, 여성

• 전압 개폐 이온 통로Voltage-gated ion channel. 실제 신경세포에서는 전기 신호가 축삭돌기를 따라 신경세포의 말단부인 축삭돌기까지 전달된 뒤, 여기서 신경전달물질로 변환되어 다음 신경세포에게 전해지게 됩니다.

•• 막전위 외에도 사실 이온 채널의 열리고 닫힘에 영향을 끼치는 요소들이 있습니다. 마그네슘은 자물쇠처럼 이온 채널의 문을 단단히 잠그는 역할을 하기도 합니다.

그림 4 인공 신경망 형태로 표현한 신경세포 막전위 형성 과정.
막전위와 이온 채널의 상태는 서로 영향을 끼치는 관계로
두 개의 되먹임을 가진 인공 신경망의 뉴런과 유사함.

전용, 남성 전용 문이라 상상해봅시다. 기본적으로 방 안의 상태(신경세포의 막전위)는 문을 드나드는 사람들(이온들)의 숫자와 종류에 따라 달라집니다. 그런데 이 문은 밖에 사람들이 줄을 서 있다고 무조건 열리지 않습니다. 방 안의 상태에 따라 문이 열릴 때도 있고 그렇지 않을 때도 있습니다. 실제로 처음에는 사람들이 들어오는 문이 잘 열리지만, 방 안에 사람이 어느 정도 차게 되면(막전위가 임계치에 도달한 경우, 즉 신경세포의 흥분 상태.) 사람들이 들어오는 문은 잠겨버리고 나가는 문이 열리기 시작합니다. 사람들이 많이 나가고 나면 들어오는 문이 다시 열립니다.(막전위가 휴지전위로 돌아오는 경우, 즉 신경세포의 안정 상태.)

정리하자면, 기본적으로 신경세포는 입력에 따라 출력이 결정되지만, 출력이 거꾸로 입력의 민감성에 영향을 주기도 합니다. 인공 신경망의 입출력 관점에서 보는 신경세포란 출력이 입력으로, 다양한 방식으로 되먹임되는 동적 뉴런이라 할 수 있습니다.

외부 자극에 대한 신경세포의 동적 반응은 신경세포의 구조, 이

온 채널의 구성, 주위의 다른 신경세포들과 정보를 주고받는 방식에 따라 조금씩 다르지만 대략적으로 백분의 일 초 수준에서 결정됩니다. 인공 신경망이 동작하는 반도체 관점에서 보면 이러한 신경세포의 반응 과정이 불필요하게 동적이고 상대적으로 느리다고 할 수 있으나, 바로 이 동적 특성이 신경세포의 생각의 역전파 게임에서 일인칭 주인공 모드를 만들어주는 핵심 열쇠입니다.

신경세포의 느린 변화

이제 앞 장에서 소개한 신경세포의 동적 반응 특성이라는 열쇠를 이용해 신경세포의 느린 변화 과정에 대해 알아보겠습니다.

신경세포에서 생각의 역전파 게임은 신경세포들을 적절히 연결하여 목적에 맞는 신경 활성도 패턴을 만들어가는 것입니다. 앞서 소개한 신경세포-방, 이온 채널-방문의 비유로 돌아와서 생각해 보겠습니다. 신경세포들의 연결성은 신경세포들 사이의 정보 전달자인 이온들이 통과할 수 있는 수상돌기 부분의 출입문 개수를 조절하는 것과 같습니다. 문이 많이 설치된 방은 문들이 열렸을 때 한꺼번에 더 많은 사람들이 들락날락할 수 있을 것이고, 반대로 문이 적은 방은 출입이 그만큼 제한적입니다. 전자의 변화는 신경세포들 간에 정보 전달이 점차 활성화된다는 뜻에서 장기 강화Long-term potentiation라고 하며, 후자의 변화는 신경세포들 간에 정보 전달이 점차 약해진다는 뜻에서 장기 억압Long-term depression이라고 합니다. 그리고 이러한 전체적인 변화 과정을 신경 가소성Synaptic plasticity이라고 합니다.

그렇다면 장기 강화와 장기 억압은 어떤 조건에서 일어나는 것일까요? 바로 신경세포들 사이의 반응 타이밍에 따라 결정됩니다. 실험 결과에 따르면, 해당 신경세포가 자기 앞에 위치한 신경세포Presynaptic neuron가 활성화된 후 빠르게 반응할수록, 두 신경세포 간의 연결이 더욱 강화됩니다.(그림 5의 오른쪽) 결과적으로 해당 신경세포는 자기 앞에 위치한 신경세포의 이야기에 더욱 빠르고 민감하게 반응하게 됩니다. 반대로 자기 앞에 위치한 신경세포보다 자신이

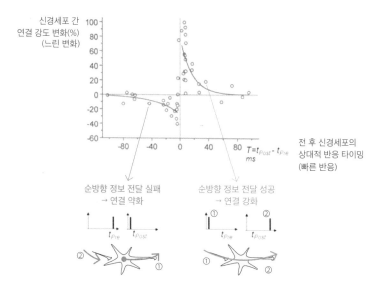

그림 5 신경 가소성 모식도.

먼저 반응하였을 경우 두 신경세포 간의 연결이 약화됩니다.(그림 5의 왼쪽) 즉, 앞에서 소개한 신경세포들의 동적 반응 특성으로 상대적인 타이밍 차이가 생기고, 바로 이 타이밍 차이가 이번 장에서의 신경 가소성을 추동하게 되는 것입니다.

천분의 일 초 단위에서 일어나는 신경세포의 반응과 달리 신경 가소성 변화는 분, 시간 단위에서 상대적으로 천천히 일어납니다. 신경세포의 빠른 동적 반응성, 그리고 상대적으로 느린 연결성 변화라는 두 가지 생각의 하모니가 신경 네트워크를 만들어갑니다.

일인칭 주인공 시점을 완성하다

지금까지 신경세포의 동적 반응 체계(빠른 생각)가 신경 가소성(느린 생각)을 만들어내는 원리에 대해 살펴보았습니다. 이제 이 두 생각의 협주가 어떻게 인공 신경망의 오차 역전파 게임이라는 까다로운 실타래를 일인칭 주인공 시점으로 풀어내는지 알아보도록 하겠습니다.

앞서 인공 신경망의 오차 역전파 게임을 묘사하기 위해 사용한 '고요 속의 외침' 게임을 다시 한 번 상상해봅시다. 각각의 신경세포들이 다음 신경세포에게 순방향으로 메세지를 잘 전달하여 마지막 신경세포가 정답을 맞추게 되었습니다. 이 때, 신경 가소성의 장기 강화 원리에 따라 정답을 맞추는 데 기여했던 각 신경세포들 간

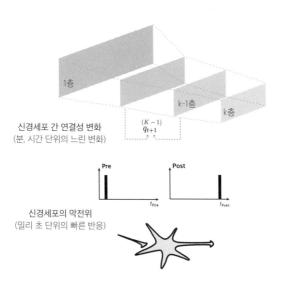

신경세포 간 연결성 변화
(분, 시간 단위의 느린 변화)

1층

k-1층

k층

$(K-1)$
q_{t+1}

신경세포의 막전위
(밀리 초 단위의 빠른 반응)

Pre

Post

t_{Pre}

t_{Post}

그림 6 신경세포의 빠른 생각과 느린 생각의 협주를 통해
스스로 배워가는 신경 네트워크.

의 연결성이 강화됩니다. 앞사람의 이야기를 잘 받아들여 다음 사람에게 빨리 전달하고 나면 이후에는 그 사람과 더욱 밀접하게 소통하는 것입니다. 결과적으로 다음 라운드에서는 이야기가 잘 통하는 신경세포들끼리 메시지를 주고받을 테니, 게임을 더 잘할 수 있게 되겠지요.

반대로 신경 가소성의 장기 억압 원리에 따라 (어떠한 이유에서였든 간에) 중간 과정에서 메세지가 잘 전달되지 않았던 신경세포들 간의 연결성은 약화됩니다. 앞사람의 메시지를 받기 전에 내가 다음 사람에게 메시지를 전달했다는 것은, 굳이 앞사람의 이야기를 듣지 않고도 잘 해결해나갈 수 있다는 것을 의미합니다. 결국 다음 라운드에서는 별 도움이 되지 않는 쓸데없는 이야기를 하는 신경세포들과는 관계를 끊어서, 더욱 효율적으로 메시지를 전달할 수 있게 됩니다.

의사 결정이나 행동에 관여하는 신경세포들은 이 게임에서 가장 마지막 순서에 해당되며, '맞았다', '틀렸다'와 같은 보상 신호에 영향을 받습니다.(잠시 예고: 보상 학습에 대한 자세한 이야기는 7장에서 이어집니다.) 이에 따라 해당 신경세포들의 출력은 앞으로 보상을 더 많이 받을 수 있도록 점차 변화하게 됩니다. 그리고 신경 가소성 원리에 따라 그 앞에 위치한 다른 신경세포들 중에서 보상을 받는 데 기여한 것들과의 연결이 점차적으로 강화됩니다. 신경 가소성에 필요한 정보는 앞사람이 내게 언제 메시지를 주었느냐와, 내가 다음 사람에게 언제 메시지를 전달하였느냐가 전부입니다. 인공 신경망의 오차 역전파 알고리즘과 같이 나와 연결된 다음 사람들과의 모든 관계 정보(가중치 전달 과정)는 필요 없습니다. 이러한 이유에서 신경세포의 학습 게임은 진정한 일인칭 주인공 시점이라 할 수 있답니다!

3

신경세포처럼 생각하기

생각의 흐름을 거슬러 오르기

신경세포의 일인칭 주인공 시점에 대해 어느 정도 공감하셨나요? 이제는 신경세포의 관점에서 인공 신경망의 오차 역전파 학습 문제를 풀어봅시다.

고요 속의 외침 게임으로 돌아와 A, B, C라는 세 개의 방이 있고, 각각 방에는 여러 사람들(신경세포)이 있다고 상상해봅시다. 그리고 A-B-C 방 순서대로 앞 방의 사람들이 동시에 다음 방의 사람들에게 각자의 메시지를 전달한다고 해봅시다. 게임 초반에는 바로 앞 방의 사람들 중 누가 자신에게 의미 있는 메시지를 보내는지 알수 없지만, 앞 방에서 오는 메시지 중 무엇이 의미 있는지 골라낼 수있다면 게임에서 이길 확률이 높아집니다.

신경 가소성의 원리에 따르면 B방의 영희가 C방의 철수에게 전달한 메시지가 정답으로 이어진 경우, 결과적으로 C방의 철수는 앞으로 B방 사람들 중 영희의 이야기에 더욱 귀 기울이게 됩니다. 엉뚱한 이야기를 한 사람들의 이야기를 무시하는 것은 두말할 것도 없겠지요.

B방의 영희와 C방의 철수 사이의 강화된 유대 관계를 거꾸로 해석해보면 "철수가 정답을 맞추는 데 도움이 되는 중요한 정보는 영희의 메시지에 담겨 있다."라고 할 수 있습니다. 또한 C방에서만 볼 수 있는 정답에 대한 정보가 B방의 영희에게 거꾸로 전달되었다고 볼 수 있습니다. B방의 영희에서 C방의 철수에게 순방향으로 메시지가 전달되고 나면 신경 가소성의 원리에 따라 영희와 철수 사이의 유대 관계가 깊어지고, 결과적으로 C방의 철수가 가지고 있는 정답과 관련된 정보가 B방의 영희에게 전달되는 간접적인 역방향 정보 전달이 일어나게 됩니다.

이렇게 신경 가소성을 이용하면 일인칭 주인공 시점에서 오차 역전파 문제를 풀어낼 수 있습니다. 신경 네트워크는 단지 순방향으로 생각할 뿐인데, 이 과정을 거꾸로 생각해보면, 생각의 역방향의 길이 열리는 멋진 일이 벌어진 것입니다!

시공간을 넘나드는 생각의 통로

연구자들은 신경 가소성을 인공 신경망이라는 그릇에 담기 위해 꾸준히 노력해왔습니다. 1990년대 후반에 제안된 시간적 오차 모델Temporal error model은 앞서 설명한 신경 가소성 원리를 기반으로 합니다. 시간적 오차 모델에서는 '영희의 메시지가 철수의 생각을 얼마나 바꾸었는지'에 따라 영희와 철수 사이의 유대 관계가 변하게 됩니다.

이어 등장한 예측 코딩Predictive coding 모델은 한 단계 발전된 개념을 도입합니다. 이 모델에서는 두 뉴런 사이에 오류 노드라는 개념을 도입하여, 앞 뉴런의 메시지가 다음 뉴런에 얼마나 잘 전달되었는지를 평가합니다. 예측 코딩 모델은 실제 신경세포 활성도 변화 패턴을 잘 설명한다고도 알려져 있습니다.

영희-철수-유리 세 명이 고요 속의 외침 게임을 하고 있다고 해봅시다. 예측 코딩 모델에서는 영희(뉴런)와 철수(뉴런) 사이의 의견 차이를 기철[오류 노드]이 중재해주고 있고, 철수(뉴런)와 유리(뉴런) 사이의 의견 차이를 민지[오류 노드]가 중재합니다. 이에 따라 영희-[기철]-철수-[민지]-유리의 연결고리가 만들어집니다. 이 팀의 이름을 편의상 '예측 코딩팀'이라 지어보겠습니다.

먼저 예측 코딩 이론 관점에서 '시간'을 넘나드는 신경세포의 생각의 흐름에 대해 알아보겠습니다. 예측 코딩팀이 순방향으로 메시지를 전달하는 경우 [기철]은 영희의 메시지를 철수에게 그대로 전합니다.(메시지 전달 오류값이 0인 상태) 이 경우 자연스럽게 영희-철수로 이어지는 순방향 생각의 통로가 만들어집니다. 이어서 [민지]는 철수의 메시지를 유리에게 그대로 전함으로써 결과적으로 영희-철수-유리로 이어지는 순방향 생각의 통로가 만들어집니다.

반대로 역방향으로 메시지를 전달하는 동안 영희, 철수, 유리는 각자의 의견을 내놓지 않고 [민지]와 같은 뒤쪽 중재자의 메시지를 [기철]과 같은 앞쪽 중재자에게 그대로 전합니다.(뉴런의 변화가 0인 상태) 이 경우 자연스럽게 [민지]-[기철]로 이어지는 역방향 생각의 통로가 만들어집니다. 이렇게 순방향과 역방향의 생각의 흐름을 수도꼭지처럼 열고 닫을 수 있게 되었습니다. 마침내 과거에서 미래로 흘러가는 순방향의 생각과, 미래에서 과거로 흘러가는 역방향 생각의 통로가 완성되었습니다.

신경세포의 생각은 시간뿐만 아니라 '공간' 속에서도 자유롭습니다. 생각 예시에서의 예측 코딩팀은 한 줄로 구성되어 있지만, 실제 신경 네트워크는 여러 개의 신경세포들이 동시에 메시지를 주고받을 수 있고, 이에 따라 순방향과 역방향 생각의 통로 역시 여러 갈래로 만들어집니다. 물론 생각의 줄기들은 네트워크 구조에 따라 갈라질 수도, 합쳐질 수도 있습니다. 이것이 바로 네트워크라는 공간에서 탄생하는 생각의 줄기들입니다.

이제 신경세포의 생각을 '시간과 공간'이라는 하나의 틀에 놓고 감상해봅시다. 예측 코딩 원리를 따르는 신경 네트워크의 공간적 생각 줄기들은 시간과 독립적인 개념이 아닙니다. 생각의 공간적 흐름은 시간 속에서 정의됩니다. 과거에 나에게 메시지를 보낸 신경세포들과의 연결성을 조절한다는 것은, 앞선 신경세포들이 그 메시지들을 종합하여 미래에 다음 신경세포들에게 전달할 메시지를 설명한다는 뜻이 됩니다.

입력과 출력이 명확한 단방향Feedforward 네트워크에서는 이와 같이 시간과 공간적 생각이 흐르는 방향이 일치합니다. 그러나 대부분의 실제 신경 네트워크는 되먹임 구조를 가지고 있습니다.('비밀 노트 8' 참조) 이 경우 생각의 시간과 공간은 일차원적인 상상력으로 그릴 수 없는 매우 복잡한 관계를 맺고 있습니다.

신경 가소성, 그중에서 예측 코딩 이론을 통해 엿본 생물학적 신경망의 생각의 기술은 인공 신경망보다 훨씬 복잡하면서 아름답습니다. 인공 신경망의 큰 숙원 사업 중 하나인 오차 역전파 문제를 멋지게 해결하는 뇌 신경세포를 보고 있자니, 우리 머릿속의 구성원이지만 우리 자신보다 훨씬 뛰어난 존재가 아닐까 하는 생각이 들 때가 있습니다.

생각 통로의 문지기, 수상돌기

지금까지 신경세포 네트워크가 어떻게 생각의 시간과 공간을 만들어내는지 살펴보았습니다. 여기서는 생각의 통로를 만들어내는 숨은 공헌자인 수상돌기에 대해 이야기하고자 합니다.

본격적인 이야기에 앞서, 신경세포의 정보 전달을 위한 수상돌기의 역할에 대해 간단히 정리해봅시다. 수상돌기는 일종의 출입문 역할을 하는 다양한 이온 채널들을 가지고 있고, 이온 채널들이 열리고 닫힘에 따라 세포체의 막전위, 즉 신경세포의 활성도가 변하게 됩니다. 그리고 이온 채널들의 동적 상호작용에 따라 신경세포의 빠른 생각이 만들어지고, 신경 가소성 원리에 따라 수상돌기의 민감도가 변화하여 신경세포의 느린 생각이 만들어진다는 것을 알게 되었습니다. 그 결과 신경 네트워크 내부에 다양한 생각의 통로가 만들어지고, 일인칭 주인공 시점에서 오차 역전파 문제를 해결한다는 것도 알게 되었습니다. 여기에 용기를 얻은 연구자들은 아예 인공지능의 관점에서 수상돌기의 특징들을 재해석하기 시작합니다.

이야기는 수상돌기의 정규화Normalization 연산 능력에서 시작됩니다. 인공 신경망에서 널리 사용되는 정규화 연산은, 입력의 분포나 범위가 변화함에 따라 기존에 학습한 지식이 불안정해진다는 문제점을 해결하는 신경망의 기법 중 하나입니다. 뇌과학 연구에서는 수상돌기의 활성도나 신경 가소성이 인공 신경망의 정규화 연산 원리를 따르고 있다는 점을 밝혔습니다. 무슨 뜻일까요? 수상돌기의 크기가 큰 신경세포들은 인공 신경망 관점에서는 전체에 걸친 연결성Global connectivity을 가진 뉴런에 비유해볼 수 있습니다. 이렇게 주변과 많이 연결되어 있는 신경세포의 경우, 그만큼 받아들이는 정보량이 많으므로 신경 활성도가 과도하게 높아질 수 있고, 다른 신경세포에 너무 많은 메시지를 전달하는 부작용이 생길 수 있습니다. 고요 속의 외침 게임에서 보면 너무 많은 사람들로부터 다양한 메시지를 받아 다음 사람에게 제대로 요약된 메시지를 전달하지 못하게 되는 상황입니다.

수상돌기는 이 문제점을 입력 민감성을 낮추는 방식으로 해결합니다. 다수의 이야기를 들을 때는 어느 정도 귀를 닫음으로써 둔감하게 반응하게 된다는 뜻입니다. 반대로 수상돌기가 작은 신경세포들의 경우는 국소적인 뉴런에 비유해볼 수 있고, 그만큼 받아들이는 정보량이 적어 반응성이 너무 낮아질 가능성이 있습니다. 이때 수상돌기는 입력 민감성을 높입니다. 소수의 이야기일수록 더욱 귀 기울여 듣게 된다는 뜻입니다.

결과적으로 신경 가소성에 따라 수상돌기가 받아들이는 전체 정보량이 변화하더라도 신경세포는 균형 잡힌 입력 체계를 유지하고, 안정적으로 동작할 수 있게 됩니다. 최근 연구 결과에 따르면 수상돌기의 정규화 특징은 해당 신경세포의 안정성 향상뿐만 아니라, 신경 네트워크 연결성의 안정화, 더 나아가 인공 신경망의 정규화에도 도움을 준다는 사실이 밝혀졌습니다.

위와 같은 정규화의 능력을 가진 수상돌기는 덩치가 커져도 안정적으로 동작할 수 있게 되었습니다. 그렇다면 수상돌기가 커지면 어떤 장점이 있을까요? 한 연구 결과에 따르면 큰 수상돌기를 가진 신경세포들은 주파수 응답 특성상 더 넓은 대역폭을 가지고 있으며, 응답 속도가 더 빠르다고 합니다. 쉽게 해석하자면, 덩치가 커서 주위와 소통하는 범위가 넓은 신경세포일수록 더욱 다양한 종류의 메시지들을 처리할 수 있는 능력을 가지고 있고, 이 메시지들을 더욱 빨리 처리할 수 있다는 뜻입니다. 여기서 한 발 더 나아가, 큰 수상돌기를 가진 신경세포를 많이 가지고 있는 사람일수록 지능지

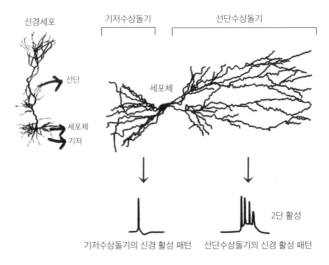

신경세포

기저수상돌기

선단수상돌기

선단

세포체

세포체

기저

2단 활성

기저수상돌기의 신경 활성 패턴　　선단수상돌기의 신경 활성 패턴

그림 7 기저수상돌기와 선단수상돌기.

수(IQ)가 높다는 결과도 있습니다. 물론 IQ가 인간의 지능을 제대로 측정할 수 없다는 사실은 이미 널리 알려져 있으므로, 진지하게 받아들이기보다는 하나의 재미있는 요소로 이해하시면 좋습니다.

생각의 통로를 열어주는 선단수상돌기

큰 수상돌기의 장점 이야기가 나온 김에 수상돌기의 크기에 대한 이야기를 더 해보겠습니다. 수상돌기는 단순히 크고 작기만 한 것은 아닙니다. 국소적 연결성을 가진 작은 수상돌기는 일반적으로 기저수상돌기Basal dendrite라 부르고, 상대적으로 넓은 연결성을 가진

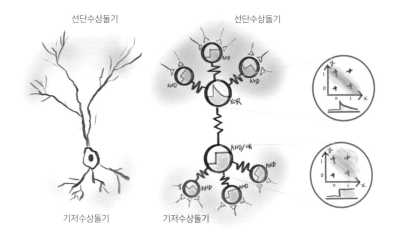

그림 8 인공 신경망의 분류 문제 관점에서 본 피라미드 신경세포 모식도.
피라미드 신경세포에는 기저수상돌기와 선단수상돌기가 있으며, 각각 반응 패턴이 다르다.

큰 수상돌기는 선단수상돌기Apical dendrite*라 부릅니다. 선단수상돌기는 기저수상돌기에 비해 매우 길어서, 신경 네트워킹에 다양한 연결 구조를 만들어냅니다. 인공 신경망에 비유하자면 딥러닝에서 즐겨 사용되는 건너뛰는 연결과 되먹임 연결과 비슷합니다.

선단수상돌기는 단순히 길기만 한 것이 아니라, 기저수상돌기와는 다른 메시지 전달 체계를 가지고 있습니다. 선단수상돌기에는 빠르게 반응하는 칼슘 채널이 많이 분포되어 있어서 일반적인 기저수상돌기와 전혀 다른 독특한 신경 활성 패턴Plateau potential을 보여줍

● 선단수상돌기는 피라미드 신경세포에서 발견됩니다. 피라미드 신경세포는 운동, 감각, 학습, 다양한 인지 활동에 관여하는 대뇌피질과 기억을 담당하는 해마에 많이 분포하고 있습니다.

니다. 최근 연구 결과들에 따르면 해마 부위에 있는 신경세포들의 선단수상돌기에서 이러한 반응이 일어난 뒤에는 신경 가소성이 더욱 활성화된다고 합니다.

앞서 내용을 꼼꼼하게 보신 분이라면 이쯤에서 "선단수상돌기가 오차 역전파 학습을 위한 채널이 아닐까?" 하는 의심이 생길 수도 있겠습니다. 네, 맞습니다! 선단수상돌기가 어떻게 인공 신경망의 골칫덩이인 오차 역전파 학습 문제를 풀어내는지 설명하는 시도가 활발히 이루어지고 있습니다. 신경세포의 기저수상돌기는 순방향 생각의 문을 열어주는 역할을 하고, 선단수상돌기는 역방향 생각의 문을 열어주는 역할을 한다고 보기도 합니다. 고요 속의 외침 게임에 빗대어본다면, 앞사람이 뒷사람에게 순방향으로 메시지를 전달할 때는 핸드폰 문자를 사용하고, 반대로 뒷사람이 앞사람에게 역방향으로 메시지를 전달할 때는 직접 이야기하는 것입니다. 이것이 바로 여러 사람들이 동시에 순방향, 역방향의 메시지를 외쳐대는 대혼란 속에서도 생각의 방향성만큼은 헷갈리지 않도록 유지하는 비법입니다.

선단수상돌기의 이야기는 끝나지 않습니다. 최근 연구에서는 피라미드 신경세포의 선단수상돌기의 메시지 응답 방식을 사용하면 초창기 인공 신경망의 난제였던 XOR 문제(1장 참조)를 풀어낼 수 있다는 것을 보여주었습니다. 한 발 더 나아가 피라미드 신경세포가 최소 5개 이상의 층으로 이루어진 딥러닝(컨벌루셔널 인공 신경망)과 유사하게 행동한다는 것을 보여준 연구 결과도 있습니다.

이러한 연구 결과들은 무엇을 의미할까요? 적어도 피라미드 신경세포의 기저수상돌기는 얕은 인공 신경망과 유사한 능력을 가지고 있고, 선단수상돌기는 최소한 하나 이상의 은닉층을 가진 인공 신경망과 비슷한 수준이라는 뜻입니다. 더 쉽게 설명하자면, 단 하나의 신경세포의 문제 해결 능력이 웬만한 인공 신경망의 수준을 넘어선다는 뜻입니다. 즉, 인공 신경망이 1장 내내 고민했던 무한한 세상을 유한한 공간에 가두는 문제에 대한 해답이 단 하나의 신경세포 안에 담겨 있다는 뜻입니다!

'뇌'가 거대한 생각의 공장이라면, 이 공장은 시간과 공간을 넘나드는 마법에 걸려 있습니다. 그리고 마법의 배후로 선단수상돌기가 가장 유력한 세력으로 떠오르고 있습니다.

이제 다음 장에서 뇌는 시간과 공간에 대한 더욱 놀라운 마법을 보게 될 것입니다.

피라미드 신경세포가 생각하는 방법

연구자들은 예측 코딩 이론을 기반으로 생물학적 신경망을 정밀하게 구현하기 위해 노력해왔습니다. 대표적인 예가 수상돌기 오차 모델Dendritic error model입니다. 이 모델은 대뇌피질의 전전두피질, 후각피질, 해마 등 뇌의 많은 부위에서 발견되는 신경세포의 한 종류인 피라미드 세포의 계산적 원리를 설명하기 위해 개발되었습니다.

피라미드 세포의 독특한 특징 중 하나는, 신경세포의 수상돌기에서 세포체로 이어지는 일반적인 신경세포 입력-출력 정보 전달 경로 외에, 입력(수상돌기)을 받아가는 다른 신경세포가 있다는 것입니다. 이를 인터뉴런Interneuron이라 부릅니다. 인터뉴런은 이 신경세포의 입력뿐만 아니라 다음 층 신경세포가 만들어내는 출력도 가져옵니다.

앞서 본 영희-[기철]-철수-[민지]-유리의 예측 코딩팀에 추가로, [기철]과 [민지]사이에서 소통하는 제3의 중재자로 [[민아]]가 등장하는데, 이 인물이 인터뉴런입니다. 여기서 [[민아]]는 [기철]과 [민지]사이의 의견 차이를 좁히는 역할을 하여, 결과적으로 영희-철수 그리고 철수-유리 사이의 소통에 간접적으로 관여하게 됩니다. 이처럼 인터뉴런이 하향식으로 신경세포들 사이의 오차를 줄여주는 역할을 한다는 해석도 있습니다. 피라미드 신경세포 모델의 정보 전달 원리는 인공 신경망의 오차 역전파 알고리즘이 동작하는 방식과 유사합니다. 생물학적 신경망을 닮아가는 인공 신경망 연구는 현재도 진행중입니다.

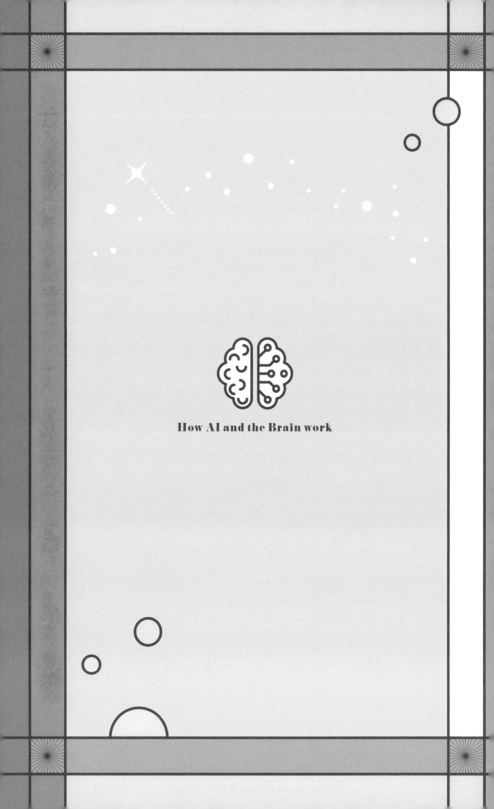

How AI and the Brain work

7장

미래를 내다보며
과거를 바꾼다

열린 세상과 소통하며 자신만의 답을 찾다

○ ■ ●

1장부터 6장에 걸친 고난의 과정을 거치면서 성장을 거듭한 인공지능은, 마침내 경험을 통해 추상적인 개념을 만들어내고 기억할 수 있게 되었습니다. 하지만 아직은 우리가 잘 만들어준 울타리 안에서만 성장할 수 있습니다. 인간의 성장기에 비유하자면 청소년기라고나 할까요?

이번 장은 인공지능이 인간이 정해준 문제의 틀을 깨고 열린 세상으로 나가 소통하며 스스로 문제를 해결하게 되는 독립기에 대한 이야기입니다. 여러 가지 재미있는 단편적 이야기들이 많지만, 여기서는 최근 각광을 받고 있는 강화학습을 중심으로 이야기하겠습니다.

강화학습은 재미있는 역사를 가지고 있습니다. 1900년대 중반 이후 최적 제어와 동적 계획법을 바탕으로 효율적 문제 해결을 위한 이론적인 기틀을 다졌고, 1980년대로 접어들면서 전자공학, 전산학, 경제학, 심리학의 경계에서 강화학습이 탄생하게 됩니다.

2000년대에 접어들면서 강화학습은 크게 공학과 뇌과학 분야에서 두 줄기로 나뉘는데, 이후 한동안 각자의 길을 갑니다. 공학에서의 강화학습은 2000년대 초반 인공 신경망과 만나면서 문제 해결의 범위를 조금씩 넓혀가게 되고, 마침내 딥러닝과 손을 잡고 인간이 다루기 어려운 복잡한 문제들에 도전하기 시작합니다. 2016년 이세돌 기사와 바둑 대결을 펼친 알파고가 대표적인 예입니다. 한편, 뇌과학에서의 강화학습은 1900년대 후반 원숭이 뇌가 강화학습을 한다는 사실이 밝혀지면서 급격히 발전하였고, 약 2005년부터는 인간의 뇌 연구로 이어집니다. 이렇게 각자의 길을 걷던 두 강화학습은 2015년 알파고 사건을 계기로 소통하기 시작해 이제는 두 분야의 경계가 점차 모호해지고 있습니다.

서론은 이 정도로 각설하고, 여기서는 역사의 산 증인인 셋—벨만 방정식(수학), 알파고(인공지능), 뇌(인간)—의 머릿속으로 들어가서, 먼저 이들의 고민에 공감하고 갈등을 해소해나가는 과정을 따라가 보고자 합니다. 그리고 그 길의 끝에는 인간의 뇌가 품고 있었던 마법과 같은 생각의 비밀이 놓여 있습니다.

알파고 패러독스

세상을 이해하는 최고의 전략은 실제 경험

여러분이 인공 신경망이라 생각하고 지금까지 이야기한 능력을 사용한다고 상상해봅시다. 배우고자 하는 대상에게서 수집한 자료들로부터 추상적인 개념을 형성하고(1장~3장), 학습된 추상적 개념을 구체적으로 풀어 쓰고(4장), 변하는 상황에 맞게 기억을 업데이트하고(5장), 효율적으로 학습하는 새로운 방법을 터득하는(6장) 이 모든 일들은 조용히 혼자 방 안에 앉아서 할 수 있는 일들이었습니다. 이제부터는 방문을 열고 나가 세상과 부딪혀보려 합니다. 열린 세상을 마주한다고 그동안 익힌 능력들이 무용지물이 되는 것은 아닙니다. 방 안에서 다진 기본기를 바탕으로 세상과 소통하는 법을 배워나가면 됩니다.

여기서 '열린 세상과 소통한다.'는 것을 인공 신경망이 이해할 수 있는 언어로 번역하자면, 문제를 풀기 위해 좀 더 '능동적으로 관찰한다Active sampling.'는 것입니다. 이를 인간의 언어로 다시 한 번 번역하자면, 문제를 풀기 위해 또는 원하는 목표를 이루기 위해 상대방과 끊임없이 상호작용한다는 의미입니다. 집 안의 인공 신경망에게는 학습하려는 대상에 대한 자료들이 주어지지만, 집 밖으로 나온 인공 신경망에게는 세상이 더 이상 친절하지 않습니다. 공부하다 잘 이해되지 않는 부분이 있으면 상대방에게 직접 물어봐야 하고, 상대방의 반응을 관찰하기 위해 상대를 자극해봐야 합니다. 직접 행동하면서 경험하는 것입니다.

이해를 돕기 위해 집 안의 인공 신경망을 세상과 부딪히면서 살아가는 우리의 모습과 비교해보겠습니다. 먼저 1장에서 소개한 사과를 인식하는 문제입니다. 집 안의 인공 신경망에게는 사과의 다양한 모습들이 하나의 데이터 세트로 주어지지만, 우리는 사과를 이리저리 돌려보고 껍질을 벗겨보고 잘라보고 다른 종류의 사과를 보여달라고 적극적으로 요구하는 과정을 통해서만 비로소 사과에 대한 정보를 모을 수 있습니다.

좀 더 어려운 상황도 있습니다. 자전거 타는 법을 스스로 배운다고 해봅시다. 자전거를 타고 중심을 느끼면서 페달을 밟고 핸들을 돌리고 넘어지는 과정을 반복해야 비로소 조금씩 앞으로 나아가는 법을 배울 수 있습니다. 자동차 운전도 비슷한 시행착오를 거치면서 안전하게 운전하는 법을 터득합니다.

오목이나 바둑을 배운다면 어떨까요. 상대방과 한 수씩 주고받으면서 여러 번 이기고 지는 과정을 반복하며 비로소 나만의 게임 전략을 만들어갑니다. 세상에 갓 나온 인공 신경망은 앞으로 우리처럼 스스로 행동하면서 배워나가야 합니다. 별 생각 없이 무작위적으로 행동하면서 열심히 관찰하면 될 것 같지만, 실제로 그렇게 살다가는 당장 내일이 없을지도 모릅니다. 왜 그럴까요?

경험으로 문제를 해결하는 첫 번째 전략

이러한 문제들이 어려운 이유는, 내가 동일한 행동을 하더라도 현재 상대방이 어떤 상태에 있느냐에 따라 그 반응이 달라질 수 있다는 데 있습니다. 사과 껍질을 벗길 때, 동일한 힘으로 칼을 쓰더라도 딱딱한 사과인지 썩어서 부드러운 사과인지에 따라 사과가 다른 형태로 잘립니다. 자전거를 탈 때는, 자전거의 무게중심이 오른쪽에 있는 상황에서 내 몸을 왼쪽으로 기울이면 균형을 유지하면서 앞으로 나아갈 수 있지만, 만약 자전거의 무게중심이 왼쪽에 있는 상황에서 내 몸을 왼쪽으로 기울이면 넘어지기 쉽습니다. 그리고 내가 아무 변화를 일으키지 않아도 자전거의 무게중심은 중력이나 자체 속도 등의 요소에 의해 스스로 변할 수 있습니다.

바둑도 마찬가지입니다. 정확히 동일한 위치에 돌을 놓더라도 지금까지 놓인 흰 돌과 검은 돌들이 어떤 형세를 취하고 있는지에 따라 좋은 수가 될 수도, 나쁜 수가 될 수도 있습니다. 친구와 대화할 때는 어떨까요. 내가 무심하게 던지는 말을 친구가 어떻게 받아들일지는 대화의 맥락이나 친구의 기분에 따라 크게 달라질 수 있습니다. 그리고 내가 아무 말을 하지 않는 동안에도 친구의 기분은 계속 변합니다. 이와 같은 방식으로 내부 상태가 스스로 변화하는 모든 개체를 동적 시스템Dynamical system으로 볼 수 있습니다.

인공 신경망이 임의의 상대방과 상호작용을 통해 원하는 목적을 이루기 위해서는 결국 동적 시스템(상대방)을 잘 다루는 법을 배워야 합니다. 이는 결국, 문제의 대상이 되는 동적 시스템과의 상호작용을 통해 그것의 상태를 내가 추구하는 상태로 변화시키는 전략 또는 정책을 학습하는 문제로 귀결됩니다.

그렇다면 상호작용으로부터 비롯되는 경험을 어떻게 전략에 반영할 수 있을까요? 자전거를 타다 넘어졌을 때, 바둑에서 졌을 때는 과거의 내 전략에서 실패의 원인을 찾아내 고쳐야 하고, 자전거

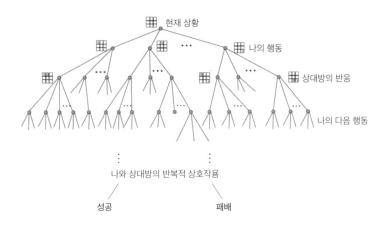

그림1 오목 게임을 하는 상황의 시간적 기여도 할당 문제.

의 균형을 잡으면서 앞으로 나아갔을 때와 바둑에서 이겼을 때는 그 시점에서 사용한 전략을 앞으로도 잘 살려나가야 합니다. 즉, 세상과 소통하는 과정에서 얻은 실제 경험을 바탕으로 과거 전략의 실수를 바로잡고 성공한 전략은 잘 다듬어가야 합니다. 이 문제를 인공 신경망이 이해할 수 있는 언어로 번역하면 다음과 같습니다.

'내가 과거에 사용한 전략이 현재의 경험에 얼마나 기여했는가?'

이를 시간적 기여도 할당 문제Temporal credit assignment라 합니다. 인공 신경망은 현재 전략에 따라 행동을 취하고, 상대방의 반응을 관찰하고, 그 결과를 이용하여 사용한 전략이 결과에 얼마나 기여했는지 파악하고 그 전략을 다듬어나가는 과정을 반복하게 됩니다. 이것이 바로 이번 장에서 인공 신경망이 풀어야 할 궁극적인 목표입니다.

경험으로 문제를 해결하는 두 번째 전략

자, 인공 신경망이 열린 세상에서 살아남기 위해 풀어야 할 문제는 '시간적 기여도 할당 문제'로 좁혀졌습니다.

아주 간단한 문제의 경우에는 가능한 모든 전략들을 하나씩 적용해보면서, 방금 사용한 전략이 결과에 얼마나 기여했는지 쉽게 찾아낼 수 있습니다. 그러나 문제가 복잡해지면 따져봐야 할 전략의 수가 기하급수적으로 늘어납니다. 앞서 예시한 실제 문제들은 대부분 경우의 수가 천문학적입니다. 바둑에서는 경우의 수가 10의 170승이 넘고, 자전거 타기나 자동차 운전은 개별 상황을 얼마나 작은 단위로 정의하느냐에 따라, 벌어질 수 있는 상황의 수와 상황들 사이의 관계가 무한히 복잡해질 수 있습니다. 이러한 상황을 있는 그대로 인공 신경망에게 던져주면서 시간적 기여도 할당 문제를 풀도록 시킨다면, 그 결과는 여러분의 후세의 후세의 후세에게 확인해달라고 부탁해도 여전히 계산 중일 겁니다. 인공 신경망이 자전거 타는 법 하나를 배우는 동안 인류는 걸어서 화성까지 갈 수 있을지도 모른다는 건 전혀 과장이 아닙니다.

그렇다면 복잡한 실제 상황에서 시간적 기여도 할당 문제를 어떻게 해결할 수 있을까요? 여기서 등장한 구세주는 바로 최적성의 원리Principle of optimality라는 이론입니다. 이 이론은 우리의 문제 해결 능력을 넘어서서 어쩌면 유한한 시간 안에 풀 수 없을지도 모르는 아주 복잡한 문제가 있을 때, 이 문제를 컴퓨터의 풍부한 저장 용량을 활용해 우리가 풀 수 있는 낮은 복잡도의 부분 문제로 바꾸어줍니다. 이것들을 하나씩 재귀적Recursion으로 풀어나가다 보면 생각보다 짧은 시간 안에 마법처럼 원래 문제가 풀립니다.

최적성의 원리에서는 먼저 전체 문제를 머리부터 꼬리 부분까지 잘게 쪼갠 뒤, 마지막 꼬리에 해당되는 문제부터 풀기 시작해, 머리 부분을 향해 점차 문제를 확장하면서 풀어나가는 전략을 사용합니다. 각 부분 문제를 풀 때는 앞서 풀어둔 문제의 정답을 활용함으로써 계산의 효율성을 높입니다. 이렇게 문제를 확장해가다 보면 결국 머리부터 꼬리까지 이어지는 부분 문제에 도달하게 되는데, 이때 구한 답은 최초에 풀고자 했던 전체 문제에 대한 최적의 해와 동일합니다.

이 이론을 컴퓨터 환경에서 실제로 구현하는 방법 중 하나가 바로 인공 신경망의 오차 역전파 알고리즘의 주역이었던 동적 계획법입니다. 동적 계획법은 임의의 문제를 그보다 더 작은 부분 문제로 표현하는 재귀적 알고리즘의 한 종류로, 인공 신경망의 개념의 추상화 문제(1장 참조)에서는 실수를 바로잡을 수 있는 생각의 역방향 흐름을 만들어주었고, 여기서는 작은 문제 해결 전략을 좀 더 큰 문제 해결 전략으로 옮겨주는 일종의 전략적 흐름을 만들어줍니다.

최적성의 원리를 따르는 동적 계획법을 자전거 타기를 연습하는 상황에 적용해보면 다음과 같습니다. 자전거를 1분 동안 넘어지지 않고 탈 수 있는 전략을 목표로 세워봅시다. 먼저 딱 1초 동안 넘어지지 않고 타는 법을 찾아봅니다. 상상할 수 있는 모든 1분짜리 자전거 조정 전략들을 하나씩 실행해보면서 어떤 것이 잘 먹히는지 찾으려 드는 게 아닙니다. 1분짜리 전략에 비하면 1초짜리 전략은 식은 죽 먹기일 겁니다. 1초짜리 전략에 자신감이 생겼다면 이를 바탕으로 2초짜리 전략을 찾습니다. 이때 처음의 1초 동안은 여러 가지 새로운 전략을 탐색해보고 뒤의 1초는 원래 전략을 사용합니다.

이러한 과정을 반복하면서 3초 전략, 10초 전략, 20초 전략 등으로 확장하다 보면 어느새 1분 동안 넘어지지 않고 자전거를 타는 자신의 모습을 발견할 수 있을 겁니다.

다른 예로, A라는 곳에서 B라는 곳으로 가는 최단 거리의 경로를 찾는 상황을 가정해봅시다. 두 지점 사이에는 갈림길과 신호가 열 개 정도만 있어도 천 가지 이상의 방법이 생깁니다. 최적성의 원리에 따르면, 길 찾기를 A에서 시작하지 않고 마지막 B 지점에서 시작해야 합니다.

우선, 목적지인 B지점 직전 한 구역(B-1에서 B지점까지) 안에서 해당 경로들에 대해서만 거리를 계산하고 그 값들을 메모해놓습니다. 이 문제를 다 풀고 나면, B 지점 직전 두 구역(B-2에서 B 지점까지)으로 문제를 확장합니다. 이때 B-2 지점에서 B-1 지점까지만 탐색하고, B-1 구역에 도달하면 직전 단계에서 메모지에 적어두었던 답(B-1에서 B 지점까지 경로의 거리 값)을 그대로 가져와서 적용합니다. 이 과정을 반복하다 보면 어느새 부분 구역(B-N에서 B 지점까지)이 전체 구역(A에서 B 지점까지)과 같아지는 순간이 오는데, 이때의 해답이 바로 전체 구역에 대한 최단 경로가 됩니다.

이와 같이 마지막 지점에서 출발 지점을 향해 한 단계씩 문제를 확장하고, 각 단계에서 문제를 풀 때마다 직전 단계에서 계산해둔 정보를 활용하는 문제 해결 전략(최적성의 원리를 동적 계획법으로 구현한 알고리즘)은 실제 문제의 높은 복잡도를 저장 공간(메모리)으로 환전하는 것에 비유해볼 수 있습니다.

경험으로 문제를 해결하는 연금술의 원리

인공 신경망은 이제 세상과 맞설 준비가 되었습니다. 실제 문제를 시간적 기여도 문제로 바꾸고, 이 문제가 복잡하다면 최적성의 원리를 따르는 동적 계획법으로 풀기만 하면 될 것 같습니다. 그러나 실제 세상은 뜻대로 전개되지 않을 때가 많습니다. 이 말을 인공지능의 언어로 바꾸면, 문제 해결을 위해 상호작용하는 대상, 즉 동적 시스템의 불확실성으로 풀이됩니다. 시스템이 동일한 상태에서 같은 자극을 받았다 할지라도 반응이 다를 수 있다는 뜻입니다.

이렇게 불확실성으로 가득한 세상과 상호작용하는 과정을 수학적으로 형식화한 것을 마르코프 의사 결정 과정Markov decision process이라 합니다. 현 시점 바로 이전 상태를 바탕으로 한 의사 결정, 그리고 이에 따른 불확실한 미래의 결과를 묘사하는 마르코프 의사 결정 과정은 임의의 실제 문제를 인공지능이 이해할 수 있는 시간적 기여도 문제로 변환해줍니다.

자전거 타기를 마르코프 의사 결정 과정으로 표현해봅시다. 매 순간 자전거의 상황을 상태State라 부르고, 자전거를 타는 전략을 정책Policy이라 하고, 현재 상태나 현재 상태에서 내가 선택한 행동Action이 가져올 미래 보상Reward에 대한 기대치를 가치Value라 해봅시다. 그리고 자전거 타이어의 미끄러짐, 휘어진 휠, 브레이크의 헐거워짐 등 내가 통제할 수 없는 여러 가지 불확실한 요소들은 확률분포로 표현합니다. 이와 같이 우리가 풀고자 하는 실제 문제 상황을 마르코프 의사 결정 과정으로 번역할 수 있습니다.

임의의 문제를 인공지능의 언어로 표현할 수 있게 되었으니, 본격적으로 인공지능의 실제 경험을 문제 해결 전략으로 녹여내는 방법에 대해 살펴봅시다. 인간의 언어로 '세상과 소통하며 문제를 해결한다.'라는 말을 인공지능의 언어로 번역하자면 이렇습니다.

'마르코프 의사 결정 과정을 통해 문제의 대상과 상호작용하면서, 그동안 최대한 많은 보상을 받을 수 있는 전략을 수립한다.'

여기서 전략은 임의의 상황에서 필요한 행동으로 표현할 수도 있고, 행동에 대한 가치로 표현할 수도 있습니다. 결국 문제 해결 전략은 매 상황이나 행동에 대한 가치를 정확히 평가하는 문제로 귀결됩니다. 문제의 대상인 상대와 상호작용하면서 얻는 경험으로부터 가치를 계산하는 방법을 벨만 방정식Bellman equation이라 합니다.

벨만 방정식을 자세히 들여다보자면 끝이 없지만('비밀노트 12' 참조), 핵심 원리는 의외로 간단합니다. 벨만 방정식은 최적성의 원리를 따르는 동적 계획법의 철학을 그대로 따르고 있습니다.

벨만 방정식에서 '현재 행동에 대한 가치평가Action value'는, 상대방과의 상호작용에서 오는 '실제 경험Reward'과 바로 이어질 다음 상황에 대한 '가상의 경험'에 대한 가치 추정치의 합으로 이루어집니다. 친구와 오목이나 바둑 같은 게임을 하는 상황을 보면, 내가 백돌을 특정 위치에 두는 행동이 얼마나 좋은 수인가—에 대한 부분은 현재 '행동의 가치'(그림 2 수식의 왼쪽 항)라 볼 수 있고, 실제로 그 행동을 했을 때 게임에서 이겼거나, 옆에서 선생님이 "좋은 수네."

라고 칭찬했다면 양(+)의 보상으로 볼 수 있습니다. 선생님이 아무
런 조언도 하지 않은 경우 당연히 보상은 0이 되고, 게임에서 졌거
나 선생님이 "실수인 것 같아."라고 이야기했을 때는 음(-)의 보상
이 됩니다.(그림 2 수식의 오른쪽 첫 번째 항) 그리고 한 수 앞 상황에 대
한 가치 추정치Action value, 즉 백돌을 특정 위치에 둔 이후 내가 게임
을 얼마나 잘 풀어나갈 수 있는가에 대한 평가가 바로 다음 상황에
대한 '가상의 경험'에 해당됩니다.(그림 2 수식의 오른쪽 두 번째 항)

게임 초보자일 때는 내 행동에 대한 가치 추정치와 선생님의 평
가가 다른 경우가 많은데, 벨만 방정식의 원리를 기반으로 한 학습
목적은 바로 이 차이를 줄여나가는 것입니다. 이를 보상 예측 오류

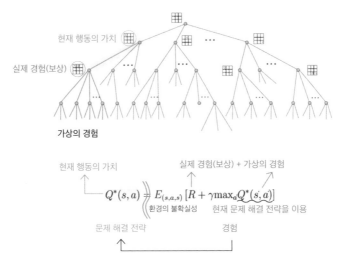

그림 2 벨만 방정식에 담긴 문제 해결 전략.
행동의 가치에 대한 가장 단순한 형태의 벨만 방정식임.

Reward prediction error라 하며 내 행동의 가치 추정치(그림 2 수식의 왼쪽 항)와 보상과 가상의 경험치를 더한 값(그림 2 수식의 오른쪽 항)의 차이로 정의합니다. 게임에 대한 경험이 쌓이면서 내 행동에 대한 가치 추정치와 선생님의 평가는 대부분 일치하게 되고, 해당 보상 예측 오류는 0에 가까워지게 됩니다. 이것이 바로 강화학습이라는 알고리즘의 기본 원리입니다.

벨만 방정식의 마법

벨만 방정식은 몇 가지 재미있는 철학을 담고 있습니다. 첫째, '미래' 상황에 대한 내 전략의 가치 정보가 벨만 방정식을 통해 '현재' 상황에 대한 내 전략의 가치 정보로 전해지게 되므로, 벨만 방정식은 역방향 생각의 통로를 열어줍니다. 결과적으로 먼 미래에 받을 보상에 대한 정보가 조금씩 시간과 공간을 거슬러 현재 가치 정보에 반영되는 오차 역전파 경로가 만들어집니다. 이를 간단히 줄여서 시간적 오차 역전파Error backpropagation through time라 부릅니다.

둘째, 벨만 방정식에서 미래 상황에 대한 내 전략의 가치를 정확하게 평가하기 위해서는 최대한 앞을 내다봐야 합니다. 이 과정은 예측을 위한 순방향 생각의 통로를 열어주는 과정으로 해석할 수 있습니다. 좀 더 쉽게 설명하면 "앞으로의 상황은 아마도 이렇게 전개될 거야."라는 과정입니다. 이를 내다보기Lookahead 또는 롤아웃

Rollout이라고 합니다. 자전거를 탈 때 앞으로 벌어질 상황을 예측하는 것, 바둑을 둘 때 몇 수 앞을 내다보는 것이 여기에 해당됩니다.

내다보기는 일반적으로 모든 경우의 수를 고려한 최적의 상황 전개를 의미하고, 롤아웃은 효율성을 높여야 하거나 시간이 제한되어 있을 때, 임의의 시뮬레이션을 통해 준최적Suboptimal의 상황을 전개하는 과정을 의미합니다.

셋째, 몇 수 앞을 내다보려면 그만큼 따져봐야 하는 경우의 수가 급격히 증가합니다. 이에 따라 계산량도 늘어나고 시간도 많이 걸리니 한계가 있습니다. 그래서 어느 시점에서는 내다보기를 멈춰야 합니다. 내다보기를 멈추는 바로 그 시점, 바로 그 상황 이후의 미래를 내가 예전에 학습한 가치 정보로 대체함으로써 근사화 Approximation합니다. 바둑을 둘 때 '내가 이런 상황을 만들어낼 수만 있다면, 그 다음부터는 내가 자신 있는 부분이지!' 하고 생각하는 것과 같습니다.

이제 벨만 방정식을 요약해보겠습니다. 첫째, 매 상황에서 현재의 문제 해결 전략(A)에 따라 행동하고 이에 따라 상황이 어떻게 변하는지 관찰합니다.(현재 경험) 둘째, 그 이후의 상황부터는 내 머릿속에서 상황을 전개시켜봅니다.(내다보기/롤아웃) 셋째, 머리 속 상황 전개가 한계에 도달하는 그 시점에서, 그 이후의 미래는 나의 가치 추정치(B)로 대체합니다.(근사화) 그리고 이 세 가지 정보의 합을 현재 상황에 대한 가치 추정치에 반영해 내 미래의 가치 정보 B를 (이제는 과거가 되어버린) 문제 해결 전략 A에 반영합니다. 이것이 바로 미래를 보고 과거를 바꾸는 벨만 방정식의 묘수입니다!

벨만 방정식이 인공지능에게 준 선물은 무엇일까요? 인공지능에게 실제 세상과 직접 부딪히면서 문제를 해결하는 방법을 알려주었습니다. 그 결과로 탄생한 것이 바로 벨만 방정식을 통해 소개해드린 강화학습 알고리즘입니다. 강화학습을 한마디로 요약하자면 '벨만 방정식을 푸는 알고리즘'입니다. 강화학습 알고리즘은 벨만 방정식을 풀어냄으로써 미래에 받을 보상의 양, 즉 가치를 최대화하는 행동 전략을 얻게 됩니다.

벨만 방정식이 인류에게 준 선물은 무엇일까요? 생물학적 학습의 비밀을 풀어내는 열쇠를 주었습니다. 외부 경험(자극)과 그에 따르는 결과(보상)의 관계를 학습하는 과정을 행동 심리학에서는 조작적/도구적 조건화Operant/Instrumental conditioning라고 하는데, 벨만 방정식은 이러한 행동을 설명하기 위한 다양한 고전적 이론들(레스콜라-와그너Rescorla-Wagner 모델 등)을 순차적 의사 결정 문제로 통합하여 일반화시킨 이론으로 볼 수 있습니다. 현대 뇌과학의 한 분야인 의사 결정 뇌과학Decision neuroscience이라는 분야에서는 생물의 의사 결정에 내재된 복잡성을 이해하기 위해서 여러 가지 모델을 사용하는데, 대부분의 경우 벨만 방정식의 원리를 기반으로 합니다.

여러분은 지금까지 미래를 내다보기 위한 순방향 생각의 흐름(과거 → 미래)과, 미래의 보상 정보를 시간을 거슬러 과거로 전해주는 역방향 생각의 흐름(미래 → 과거)을 통해 실제 경험을 전략으로 녹여내는 연금술과 같은 마법을 관람하셨습니다.

알파고, 딥러닝으로 벨만 방정식을 풀다

최적 제어 이론과 벨만 방정식이라는 탄탄한 기본기를 바탕으로 탄생한 강화학습 알고리즘은, 1990년대 후반에 이미 틱택토Tic-Tac-Toe나 오목 정도의 간단한 게임에서는 사람과의 대결에서 쉽게 이길 수 있을 정도의 수준으로 발전했습니다. 오목 게임을 위한 강화학습 알고리즘의 컴퓨터 코드는 실제로 단 10줄 정도의 길이로 아주 간단하기까지 합니다.

2000년대에 접어들면서 강화학습은 조금씩 실제 세상의 문제에 욕심을 내기 시작합니다. 실제 세상의 문제들은 여러 가지로 골치 아픕니다. 우선 카메라 이미지, 로봇이나 공장의 다양한 센서들, 체스나 바둑과 같이 차원이 높은 입력에 대해서 발생할 수 있는 '상황'에 대한 경우의 수가 너무 많습니다. 무인 자동차, 로봇 제어의 경우 취할 수 있는 '행동'에 대한 경우의 수가 너무 많습니다. 이렇게 경우의 수가 많아질수록 오랜 시간 동안 많은 경험을 해야 합니다. 그리고 '보상'처럼 학습에 쓸모 있는 정보들은 가끔 주어질 때가 많습니다.* 이러한 문제들을 있는 그대로 컴퓨터에 맡겨 두고 강화학습 알고리즘을 실행시키면 학습은 한 달이 지나도, 일 년이 지나도 여전히 끝나지 않습니다.

---

* 학습의 기준이 되는 보상 정보가 가끔 주어지는 경우에는, 그만큼 시간과 공간을 따라 과거의 전략을 수정하는 데 오랜 시간이 걸리고, 또 학습 초기의 허술한 전략으로 최초 보상을 받는 것도 어렵습니다. 이를 **희소 보상**Sparse reward **문제**라 합니다.

이제는 여러분도 쉽게 예상하실 수 있겠지만, 이런 분야의 전문가는 바로 인공 신경망입니다. 이때부터 강화학습은 인공 신경망과 제휴 관계를 맺기 시작합니다. 많은 양, 높은 차원의 데이터로부터 효율적으로 추상적 개념을 압축해낼 수 있는 인공 신경망은 강화학습이 배우고자 하는 전략이나 이와 연동된 가치 변수를 근사화하는 방식으로 강화학습을 돕습니다. 더 간단히 설명하자면 '인공 신경망이 벨만 방정식을 직접 푸는 것'으로도 해석할 수 있습니다. 이를 심층 강화학습Deep reinforcement learning이라 부릅니다. 심층 강화학습은 아타리Atari와 같은 고전 비디오 게임을 연습 삼아 발전을 거듭하면서 조용히 내공을 쌓아왔습니다.

2016년 초, 이세돌 바둑기사와의 대결로 유명해진 알파고AlphaGo나 후속 버전인 알파고 제로AlphaGo Zero는 간단히 말해 딥러닝으로 벨만 방정식을 푸는 알고리즘입니다. 초기 버전인 알파고는 지금까지 설명한 인공지능 기술들의 장점들을 한데 모은 멋진 공학 시스템입니다. 당시 대결을 위해 학습에 직간접적으로 활용된 기술들을 모아보면, 알파고의 사전 실제 기보 학습, 이를 이용한 예측과 탐색의 효율화, 강화학습 과정 등이 있습니다.

이러한 딥러닝으로 수많은 바둑 전문가들의 전략을 가치망의 형태로 학습하고(3장), 이를 활용하여 심층 강화학습(7장)을 진행하고, 추가로 몇 수 앞을 미리 내다보는 효율적 탐색 알고리즘*을 이용해 예측의 정확도와 학습의 효율성을 높이고, 이 모든 과정을 대용량 고속 연산을 위한 GPU 서버에서 진행하는 것 등입니다. 이세돌 바둑기사를 이기기 위해 정말 영혼까지 끌어모았다고 할 수 있습니다!

사실 2000년대 초반 강화학습은 인공지능 분야의 변두리에서 약간 정체된 모습을 보였는데, 2010년 이후 딥러닝의 발전과 맞물려 비약적으로 성능이 향상되었습니다. 알파고의 역주행이 준비된 것임은 분명합니다.

알파고 패러독스, 결과에 집착할수록 현실에서 멀어지다

세상 속으로 첫 발을 내딛은 인공지능, 알파고와 그 후속 모델들의 성능을 보면 이 세상의 모든 문제들을 풀 수 있을 것 같은 기세입니다. 그런데 이러한 접근 방식에는 큰 고민거리가 하나 있습니다. 그것은 아이러니하게도 인공지능이 원하는 결과를 얻기 위해 실제 경험 속에 깊이 빠져들수록 목적이나 상황 변화에 대처하는 능력이 떨어진다는 점입니다. 이 문제는 앞서 인공 신경망이 겪고 있는 과적합이나 작업 적응 능력Task adaptation 문제와 유사한 점이 있지만, 실제로는 역사가 오래된 전혀 다른 성격의 문제입니다.

• 알파고에서는 내다보기 또는 롤아웃 과정의 일종으로 **몬테카를로 트리 탐색**Monte Carlo tree search이라는 최적 탐색 알고리즘을 사용합니다. 탐색 과정은 이론적으로 안정성이 증명된 **UCB(Upper confidence bound)**라는 탐색 전략을 기반으로 하여 탐색의 효율성을 극대화합니다.

대부분의 알파고 계열의 심층 강화학습 알고리즘은 복잡한 실제 경험으로부터 원하는 결과를 도출하는 목적 자체에 집중하고, 문제 자체에 대한 모델을 따로 학습하지는 않습니다. 자전거 타는 상황에 빗대면, 자전거 타는 전략을 배울 때 자전거의 무게중심이 어떠한 원리로 이동하는지, 자전거의 왼쪽 브레이크가 앞바퀴나 뒷바퀴 중 어느 쪽에 연결되어 있는지와 같은 디테일은 신경 쓰지 않고, 오직 넘어지지 않고 자전거를 잘 타는 조정 전략을 배우는 것에만 집중하는 것과 같습니다. 오목이나 바둑을 두는 상황에 빗대면, 상대방이 지금 어떤 전략을 쓰면서 게임을 하고 있는지, 현재 나의 한 수를 상대방이 어떻게 받아들일지에 대한 이해 없이, 오직 게임에서 이기는 것 등 설정된 성능치에 도달하는 것에만 집중합니다. 과정이나 원리에 대한 지각이 전혀 없는 지극히 결과 지향적인 학습 전략이라 할 수 있습니다.

　　알파고의 결과 지향적인 학습 방식은 규칙이 명확히 정해진 문제에 대해서는 효율적이며, 주어진 상황에 망설임 없이 빠르게 반응할 수 있습니다. 사실 동물과 인간의 행동을 연구하는 뇌과학 분야에서는 알파고와 같은 종류의 개체가 보이는 독특한 행동 패턴을 프로파일링하는 연구가 오랫동안 이루어졌습니다. 뇌과학이나 행동과학 분야에서는 이러한 행동 패턴을 습관적 행동Habitual behavior 이라 부릅니다. 그리고 습관적 행동을 만들어내는 학습 방식을 모델 프리 학습Model-free learning이라 부릅니다. 모델 프리 학습이라는 명칭은 말 그대로 문제의 대상이나 상대방에 대한 이해(모델링) 없이 벨만 방정식을 푸는 것 자체에만 집중하는 것입니다.

그런데 반응이 빠르고 결과 지향적인 알파고의 모델 프리 학습 방식은 치명적 단점을 가지고 있습니다. 뇌과학의 한 분야인 가치 기반의 의사 결정Value-based decision making에서는 모델 프리 학습에서 비롯된 이상행동에 대한 연구가 많이 이루어졌습니다. 그중 대표적인 것이 목적이 바뀌거나 동기가 사라져도 결과에 집착하는 행동 Devaluation insensitivity입니다. 이 행동 패턴은 정신의학이나 뇌과학에서는 중독Addiction이나 강박행동장애OCD 증상과 유사한 점이 많아서, 정신질환 모델을 만드는 연구에도 많이 사용되고 있습니다.

결과 지향적인 알파고에게는 어떤 부작용이 있을까요? 우선 목적이 달라진 경우* 기민하게 행동 전략을 수정하지 못합니다. 알파고는 모델 프리 방식으로 스스로 학습한 문제 해결 전략(가치와 정책)에 대해 너무나 강한 확신Overconfidence을 가지고 있어서, 결과가 갑자기 달라져도 행동을 고치는 데 많은 시간이 걸립니다.

예를 들어, 자전거로 빠르게 직진하는 전략을 배운 알파고는 S자 길을 통과하지 못합니다. 커브 길을 갈 수 있도록 하려면 처음부터 새로 학습시켜야 합니다. 오로지 이기는 바둑을 학습한 알파고는 '한 번만 져주자.'와 같은 새로운 목적에 맞춰 행동을 수정하지 못합니다. 지는 바둑을 새로 배워야 합니다. 특정 기보에 대한 편향성 없

---

* 실제 강화학습 목적은 보상 체계를 어떻게 정의해주는지에 따라 결정됩니다. 일반적으로 보상 체계는 강화학습 알고리즘을 학습시키기 전에 미리 결정됩니다.

그림 3 딥마인드 CEO 데미스 하사비스 KAIST 초청 강연(왼쪽),
알파고와 이세돌 기사의 대결 장면.(오른쪽)

이 학습*된 알파고나, 기보 없이 순수하게 바둑을 배운 알파고 제로
는 게임 도중 바둑 스타일을 바꾸는 것도 어렵습니다. 만약 알파고
가 이세돌 기사에게 바둑을 배웠다면, 이세돌 기사가 어느 순간 갑
자기 이창호 기사의 바둑 스타일을 사용할 경우 제대로 대처하기까
지 많은 시간이 걸릴 것입니다. 결과 지향적인 학습 과정을 거친 알
파고는 마치 앞만 보고 돌진하는 멧돼지와 같습니다.

　현실 세계에서 좋은 결과를 얻기 위해 앞만 보고 달려온 알파고
는 오히려, 현실 세계에서 흔히 벌어지는 목적이나 상황 변화에 기
민하게 대응하지 못하게 되는 딜레마에 빠집니다. 도대체 어디서
부터 잘못된 것일까요? 근본적인 해결책이 있을까요?

---

* 알파고는 실제 바둑기사들의 행동 특성을 학습하여 탐색의 효율성을 높였는데, 이
　과정에서 특정한 바둑 스타일에 편향되지 않도록 많은 노력을 기울였습니다.

벨만 방정식 뒤에 숨겨진 비밀 조약

이 책에서는 이해를 돕기 위해 상황을 명확히 구분할 수 있는 이산적 시간의 최적 전략 문제Discrete-time optimal control를 소개합니다. 이는 특정한 상태나 가치를 정의할 수 있어 인공지능이 다루기 쉬운 단순한 형태의 벨만 방정식입니다. 더 일반화된 연속적 시간의 최적 전략 문제Continuous-time optimal control에서는 해밀턴-야코비-벨만 방정식이라 부릅니다. 이 버전은 미적분 형태로 표현해야 하므로 다루기 까다롭습니다. 대부분의 인공지능은 이산적 시간의 최적 전략 문제를 위한 벨만 방정식을 풀고 있고, 연속적 시간의 최적 전략 문제의 경우 딥러닝 기법을 이용해 적절히 해결해나갑니다.

벨만 방정식에 숨겨진 두 번째 조건은 전략과 가치가 일맥상통해야 한다는 전략-가치 호환성Compatibility입니다. 벨만 방정식에는 '최적의 전략에 대해서는 각 상황에 대한 가치, 그리고 그 상황에서 취하는 행동에 대한 가치가 모두 일맥상통해야 한다.'는 조건이 숨겨져 있습니다. 자전거 타는 최적의 전략을 가진 사람은 (그렇지 않은 사람과 비교할 때) 자전거를 특정한 방식으로 조종함에 따라 자전거가 앞으로 넘어질지, 잘 나아갈지를 예상할 수 있을 것입니다.

호환성은 최적의 전략 수립을 위한 필수적인 조건이며, 알파고와 같이 전략과 가치 부분을 별도로 처리하는 심층 강화학습 계열의 알고리즘이 엉뚱한 행동을 하지 못하도록 막아주는 일종의 안전장치입니다.

알파고의 끝없는 진화

알파고의 후속 버전으로 2017년 등장한 알파고 제로는 벨만 방정식의 기본 철학에 충실한 버전으로, 오직 바둑 규칙만을 이용해 순수한 심층 강화학습을 진행합니다. 알파고 제로는 알파고에 비해 단순하고 효율적이기도 하지만, 진짜 매력은 따로 있습니다. 기존의 알파고는 인간의 문제 해결 전략에서부터 출발했지만, 알파고 제로는 아무 지식이 없는 상태에서 출발했고, 더 나아가 인공 신경망들 간의 상호작용을 통해 아직 우리가 발견하지 못한 새로운 문제 해결 전략을 찾아낼 수 있다는 점에서 무한한 발전 가능성이 있습니다. 초기 버전인 알파고가 하이브리드 자동차라면, 알파고 제로는 더욱 간단하면서도 효율적인 전기자동차에 비유해볼 수 있습니다.

알파고 제로에 이어 2018년 등장한 알파제로AlphaZero나 뮤제로MuZero는 바둑뿐만 아니라 다른 전략 게임들, 더 나아가 아타리와 같은 비디오 게임들까지 하나의 인공 신경망으로 학습할 수 있다는 가능성을 보였습니다. 인공지능은 이렇게 실제 세상에 첫걸음을 내딛고, 공학·과학·의학 등 다양한 분야의 난제들에 도전하기 시작합니다.

대표적인 예로, 딥마인드DeepMind는 아미노산 서열로부터 3차원 단백질 구조를 전례 없는 높은 정확도로 예측하는 알파폴드AlphaFold 알고리즘을 개발하였고, 이를 바탕으로 2021년에 아이소모픽 랩스Isomorphic Labs를 설립하여 AI 기반 신약 개발에 속도를 높이고 있습니다.

2

알파고, 뇌를 닮아가다

알파고의 고민, 벨만 방정식에게 다시 묻다

앞에서 알파고의 패러독스에 대해서 살펴보았습니다. 그렇다면 먼저, 현실의 성공을 위해 달려온 알파고가 현실에 유연하게 대응하지 못하게 된 이 딜레마가 어디서부터 비롯된 것인지 살펴보도록 합시다. 알파고의 고민에 대한 해답은 이 모든 사건의 출발점인 벨만 방정식에 있습니다. 앞서 소개한 벨만 방정식에서는 먼저 상대방과의 상호작용에서 오는 '실제 경험'(보상)과 바로 이어지는 미래의 상황에 대한 '가치 추정치'를 종합하여, 이 정보를 현재의 가치 추정치에 반영합니다. 이렇게 미래의 특정 상황에서 받을 보상에 대한 정보를 종합하여 현재의 가치 정보에 반영하는 과정을 벨만 업데이트Bellman updates라고 부릅니다.

알파고 딜레마의 원인은 바로 벨만 업데이트를 위해 미래 상황에 대한 정보를 종합하는 데 있습니다. 이 정보에는 내 경험, 보상을 받는 환경, 환경 자체의 구조 등 생각할 수 있는 모든 요소들이 한데 뒤섞여 있습니다. 알파고와 같이 당장의 목표를 성취해야 하는 '결과 지향적'인 사람은, 이와 같이 학습의 '목적'과 목적과 관련 없는 '문제 자체의 특성'을 구분 짓지 않고 가능한 모든 정보들을 한데 모아 종합하는 일을 가장 중시합니다. 바둑의 경우라면 학습의 목적(이겨서 최대한 많은 보상을 받는 것)과 목적과 관련 없는 문제 자체의 특성(바둑의 세부 규칙, 상대방의 바둑 스타일, 기보의 패턴 등)을 구분하지 않고 배우는 상황으로 볼 수 있습니다.

그러나 '과정'을 중요하게 생각하는 사람은 조금 느리게 배우더라도 문제 자체에 내재된 원리에 대한 이해를 중시합니다. 과정을 중시하는 사람은 목적과 문제 자체의 특성을 구분할 수 있기 때문에, 목적이 달라져도 문제 자체의 특성을 이용해 빠르게 행동 전략을 수정할 수 있습니다. 결과적으로 알파고가 하기 어려워했던 많은 일들을 해낼 수 있습니다.

먼저, 문제 자체의 특성으로부터 전략을 학습하기 때문에 동기가 사라지거나 목적이 바뀌면 결과에 집착하지 않게 됩니다. 또한 자전거로 직진하는 방법을 배우는 과정에서 자전거 무게중심 이동의 원리를 어느 정도 파악한 사람은 직진뿐만 아니라 S자 길도 통과할 수 있습니다. 이기는 바둑을 배우는 과정에서 상대방의 바둑 스타일을 파악하는 사람은 '한 번만 져주자.'와 같은 새로운 목적이 주어지면, 상대방의 전략을 이용해서 일부러 질 수도 있습니다. 실제로 행동하기 전에 상대의 대응을 가상으로 머릿속에서 미리 시뮬레이션해보고, 행동 계획Planning을 수립할 수도 있습니다. 원리를 알고 배우니 학습의 효율도 올라갑니다.

이러한 사람의 행동 패턴은 목적에 따라 쉽게 행동을 바꿀 수 있다는 뜻에서 목표 지향적 행동Goal-directed behavior이라 부릅니다. 앞서 습관적 행동과 반대 개념이라 볼 수 있습니다. 그리고 목표 지향적 행동을 만들어내는 학습 방식은 모델 기반 학습Model-based learning이라 부릅니다. 모델 기반 강화학습을 한마디로 요약하면 '목표'와 '원리'를 구분하여 벨만 방정식을 푸는 것입니다. 문제에 내재된 원리를 이해하면 문제가 조금 달라져도, 새로운 목표가 주어져도, 당황하지 않고 빠르고 현명하게 대처할 수 있습니다.

모델 기반 학습 전략의 핵심인 '문제에 내재된 원리를 바탕으로 문제를 해결'하는 방식은 우리 인간의 모습과 비슷합니다. 알파고가 게임에서 인간을 이겼다고 해서 진정 인간의 능력을 넘어섰거나 인간과 비슷하게 생각한다고 단정 지을 수는 없습니다. 그것은 게임의 결과만 놓고 볼 때의 이야기입니다. 그러나 알파고 사건 이후 모델 기반 학습 원리를 이용하는 딥러닝 기반 강화학습 알고리즘들은 아주 조금씩 인간의 사고 체계와 닮아가고 있습니다.

이번 에피소드를 잠시 정리해봅시다. 알파고의 고민을 말없이 듣고 있던 벨만 방정식은, 모델 프리 학습 전략의 문제점을 풀어줄 해결사로 모델 기반 학습이라는 카드를 보여주었습니다. 알파고는 이제 선택의 고민에 빠집니다.

벨만 방정식과의 상담을 마친 알파고는 이번에는 뇌에게 찾아가 묻습니다.

"모델 프리 학습으로 바둑 이기는 건 자신 있는데, 요즘 너무 결과에만 집착하고 고집이 세져서 힘들어요. 벨만이 형 말대로 이참에 모델 기반 학습 전략으로 갈아탈까 하는데 문득 형은 뭘 쓰고 있는지 궁금해서요."

뇌가 대답합니다.

"난 둘 다 쓰고 있지."

먼저 우리가 이미 어느 정도 알고 있는 모델 프리 학습의 경우를 살펴봅시다. 의사 결정 뇌과학 분야에서는 동물 실험을 할 때 간단한 작업을 오랜 시간에 걸쳐 반복적으로 과학습Overtraining시키는 경우가 많습니다. 여러 가지 이유가 있겠으나 가장 큰 이유는 동물에게는 사람과 달리 어떤 일을 해야 하는지 말로 쉽게 설명해줄 수 없기 때문입니다. 따라서 먹이나 물과 같은 보상을 이용해 반복적으로 행동을 유도하는 수밖에 없습니다. 이러한 동물들은 결과 지향적인 행동 패턴을 보입니다. 그 외에도 여러 가지 독특한 행동적 특징들을 보이는데, 이는 대체로 모델 프리 학습으로 잘 설명됩니다.

그러나, 겉으로 보이는 행동이 어떤 모델과 비슷하다고 해서 반드시 뇌가 해당 전략을 쓰고 있다는 보장은 없습니다. 그래서 뇌과학자들은 모델 프리 학습 과정이 뇌의 행동, 즉 신경세포의 활성 패턴도 잘 설명하는지를 보기 시작했습니다.

과연 뇌가 모델 프리 학습 전략을 사용하고 있을까요? 1997년 울프람 슐츠Wolfram Schultz, 피터 다이안, 리드 몽타규Read Montague 세 연구자들은 이 문제를 멋지게 풀어냅니다. 연구자들은 먼저 원숭이에게 특정 자극이 오면 보상이 주어진다는 것을 학습시키고, 이 루틴을 배우고 나면 갑자기 보상을 주지 않음으로써 원숭이의 예상이 잘 들어맞기도 하고 반대로 빗나가기도 하는 상황들을 만들어냅니다. 이러한 상황에서 발생하는 신호를 보상 예측 오류라고 하며, 이는 모델 프리 학습 과정의 핵심 원동력입니다.

이 실험에서 세 연구자들은 원숭이나 사람의 뇌에서 쾌락이나 운동을 담당하는 중뇌 부위의 도파민 신경세포 활성도가 변화하는 모습이 모델 프리 학습 알고리즘의 보상 예측 오류 신호와 닮아 있다는 사실을 발견합니다. 모델 프리 학습 알고리즘과 뇌가 처음으로 조우하는 멋진 순간입니다. 이 논문은 출판 이후 향후 25년간 9천 편 이상의 논문에서 참조되면서 세상을 바꿉니다. 몇 년 뒤인 2004년에는 동일한 접근 방식으로 인간 중뇌의 한 부위인 선조체Striatum가 모델 프리 학습의 중추라는 사실을 발견합니다. 세 연구자는 의사 결정 뇌과학 분야의 최고 석학이 되었으며, 거의 두 세기가 지난 현재에도 쥐, 원숭이, 사람의 뇌가 모델 프리 학습 전략을 사용한다는 증거는 계속해서 쌓여가고 있습니다.

뇌가 모델 기반 학습 전략도 사용하고 있을까요? 모델 기반 학습의 뇌과학도 엄청난 역사를 자랑합니다. 1930년경 에드워드 톨만

Edward Tolman은 쥐를 일정 시간 동안 미로 속에서 자유롭게 돌아다니도록 두었습니다. 알파고처럼 결과 지향적인 모델 프리 학습 이론에 따르면 이처럼 결과나 동기가 없는 상황에서는 사전학습이 일어나지 않고, 이후 보상이 주어지는 순간부터 학습을 시작하게 됩니다. 따라서 보상이 없는 미로 속에 일정 시간 있다가 보상 학습을 시작한 쥐들(실험군)과 미로 속에 들어가자마자 보상 학습을 시작한 쥐들(대조군)의 학습 효과는 동일해야 합니다.

이처럼 보상과 같은 결과가 주어지지 않는 상황에서도 학습이 일어나는 상황을 잠재학습Latent learning이라 부르고, 잠재학습을 통해 획득된 환경에 대한 정보를 인지맵Cognitive map이라 합니다. 머릿속의 인지맵으로 예상하는 상황 전개와 현실 세계에서의 실제 상황 전개의 차이에서 발생하는 신호를 상태 예측 오류State prediction error라고 합니다. 상태 예측 오류를 최소화하는 과정을 통해 만들어지는 인지맵은 '목표'와 '원리'를 구분하여 벨만 방정식을 푸는 모델 기반 학습에서 '원리'에 해당되는 핵심 원동력입니다. 원리를 배우고 나서 이를 바탕으로 목표를 성취하려면 보상 예측 오류를 최소화하는 모델 프리 학습 과정을 통해 벨만 방정식을 풀면 됩니다. 이후 뇌의 어떤 부위가 모델 기반 학습에 관여하는지를 밝히기 위한 수많은 연구들이 이어졌는데, 먼저 쥐의 뇌에서는 변연계Limbic system를 중심으로 하여 변연계아래피질Infralimbic cortex 등이 잘 알려져 있고, 인간의 뇌에서는 측전전두피질Lateral prefrontal cortex과 두정엽내고랑Intraparietal sulcus 등이 잘 알려져 있습니다.

쥐를 대상으로 하는 신경과학 분야에서는 단일 세포 신경 활성도 관찰Single-cell recordings이나 광유전학Optogenetics을 이용한 신경 활성도 조절과 같은 정밀한 실험 기법을 사용해 모델 프리 학습과 모델 기반 학습에 대한 단일 신경세포 수준의 연구가 가능합니다. 하지만 모델 기반 학습과 같은 다양한 고위 수준의 기능들을 연구하는 데에는 어려움이 있습니다.

한편 고위 수준의 학습 능력을 가진 인간을 대상으로 하는 실험들은 대부분 비침습적인 방식에 한정되기 때문에 정밀한 수준의 연구가 어렵습니다. 반면, 고등 동물인 원숭이를 대상으로 하는 의사 결정 신경과학 분야에서는 단일 신경세포 수준의 실험이 가능하여 뇌의 모델 기반 학습에 대한 활발한 연구가 진행되어 왔습니다. 존스 홉킨스 대학의 석학 이대열 교수 연구팀은 2000년대 중반, 게임 이론을 이용하여 원숭이 전두엽의 신경세포들이 일종의 모델 기반 학습을 위한 정보 처리 과정에 관여한다는 것을 발견했고, 이어 2014년에는 배내측 전전두피질Dorsomedial prefrontal cortex의 신경세포들이 상대방의 전략을 역이용하면서 문제를 해결하는 과정에 관여한다는 사실을 밝혀냈습니다.

뇌의 모델 기반 학습과는 별개로, 공학에서도 모델 기반 학습과 관련된 연구들이 진행되어왔습니다. 전통적 제어 분야에서는 제어하고자 하는 대상Plant을 모델링하여 제어기와 상호작용하도록 하는 모델 예측 제어Model predictive control를 모델 기반 학습의 시초라고 보는 의견이 있습니다. 또한 제어 대상을 직간접적으로 모델링하여 대상의 특성이 변화할 때 제어 전략을 빠르게 수정하는 적응 제어Adaptive control와도 관련이 깊습니다. 1990년 강화학습의 아버지라 불리는 리처드 서턴Richard Sutton이 제안한 다이나 학습(일명 Dyna-Q)이라는 알고리즘은, 별도의 모델 기반 학습 모듈과 이를 바탕으로 한 계획 수립 기능을 가지고 있습니다.

모델 프리 학습의 딥러닝 버전으로 볼 수 있는 알파고의 탄생 이후, 모델 기반 학습 아이디어들도 딥러닝 기술과 손을 맞잡

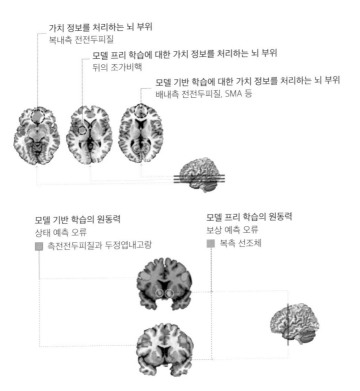

그림 4 모델 프리 학습 전략과 모델 기반 학습 전략을 사용하는 인간의 뇌.

기 시작합니다. 이 분야를 모델 기반 심층 강화학습Model-based deep reinforcement learning이라 부르며, 여기서 풀어낸 몇 가지 문제들을 소개하면 다음과 같습니다. 실제 행동을 하기 전에 머릿속에서 미리 상황을 전개하여 더욱 효율적으로 더욱 빠르게 배울 수 있고, 상황 변화를 감지하여 빠르게 적응하거나, 학습에 사용되지 않은 다양한 문제들을 해결하는 데도 도움이 됩니다. 또한 여러 개의 알고리즘이 협력하는 상황에서는 상대방의 전략을 모델링하여 시너지 효과를 낼 수도 있게 됩니다. 환경 모델을 모듈처럼 디자인해서 계층적으로 구성하게 되면 큰 그림을 볼 수 있고, 학습에 필요한 보상 정보가 당장 부족하더라도 스스로 학습을 위한 동기부여를 할 수 있습니다. 우리가 일상생활에서 하는 행동과 비슷하지 않나요?

사실 이러한 모델 기반 학습은 더욱 큰 그림의 일부입니다. 심리학과 행동 경제학에서는 모델 프리 학습과 같은 반자동적이고 빠른 의사 결정 방식을 '시스템1'이라 부릅니다. 이와 대조적으로 모델 기반 학습과 같이 의식적이고 상대적으로 느린 의사 결정 방식을 '시스템2'라고 부릅니다.

인공지능의 석학 요슈아 벤지오Yoshua Bengio는 2019년 인공지능 대표 학회 중 하나인 뉴립스NeurIPS 기조연설에서 "현재 기술은 시스템1 딥러닝이라 할 수 있고, 앞으로는 시스템2 딥러닝 개발에 집중해야 한다."라고 주장했습니다. 딥러닝이 당면한 목표를 성취할 뿐만 아니라 이 과정에서 문제에 내재된 근본적인 지식까지 습득할 수 있다면, 새로운 문제들을 쉽게 해결할 수 있다는 것이 벤지오 교수가 주장하는 시스템2 딥러닝의 핵심입니다. 여기에는 주의집중, 인과관계 추론, 관계구성, 논리적 사고 등과 같은 고위 수준의 인지 및 학습 능력이 바탕이 되어야 합니다. 그리고 시스템2 딥러닝으로 나아가는 길목에는 인간과 닮은 인공지능이라는 이정표가 있습니다.

벨만 방정식, 알파고, 뇌: 다시 한자리에 모이다

이후에도 뇌와 알파고는 한참 여러 가지 이야기를 나눕니다. 대화의 주제는 모델 프리 학습을 위한 중뇌나 모델 기반 학습을 위한 전두엽에 그치지 않고, 기억을 담당하는 해마('비밀노트 14' 참조), 중뇌 속의 도파민 신경세포Dopamine neurons, 더 나아가 감정의 중추인 편도체Amygdala 등 뇌의 여러 영역과 기능을 자유롭게 넘나듭니다.('비밀노트 15' 참조) 뇌와 알파고의 기나긴 대화는 지금까지 이어지고 있는데, 그 이야기를 길게 끌면 벨만 방정식이 소외감을 느낄 수 있으니, 여기서는 벨만 방정식을 풀기 위한 알파고와 뇌의 이야기에 집중해보겠습니다.

뇌의 강화학습에 대한 한 가지 재미있는 사실은 뇌의 깊숙한 곳(중뇌)은 모델 프리 학습에 관여하고, 진화 과정에서 늦게 발전한 뇌의 바깥 부위(대뇌피질)는 모델 기반 학습에 관여하는 경향*이 있다는 점입니다. 생존을 위해 결과 지향적으로 살아야만 했던 원시 시절에는 중뇌가 우리 곁을 지켜왔고, 상대적으로 과정과 원리를 즐길 여유가 있는 현대 사회에서는 피질이 우리를 돕고 있는 것은 아닐까요?

모델 프리 학습 카드를 버리고 모델 기반 학습으로 갈아타려던 알파고는, 인간의 뇌가 모델 프리 학습과 모델 기반 학습 두 가지 전략을 모두 사용하고 있다는 것을 알게 되었습니다. 두 카드 중 어느 것도 버릴 수 없게 된 알파고는 어느 쪽이 정말 더 좋은 건지 헷갈리기 시작하고, 다시 한 번 깊은 고민에 빠져듭니다.

벨만 방정식을 푸는 두 가지 방법인 모델 프리 학습과 모델 기반 학습. 둘 중 하나만 사용하거나 둘 다 사용하거나에 관계없이, 미래의 결과를 시간을 거슬러 과거로 전해주는 역방향 생각의 흐름만큼은 변하지 않습니다. 그리고 우리의 실제 경험은 바로 이 역방향 생각의 흐름 속에서 문제 해결 전략으로 자연스럽게 스며듭니다.

지금 이 순간에도 벨만 방정식의 시간은 거꾸로 갑니다. 알파고에서도, 뇌에서도.

● 중뇌-모델 프리, 피질-모델 기반 학습은 아주 거시적인 프레임입니다. 실제 이야기는 이것보다는 훨씬 복잡합니다. 중뇌는 운동피질과 활발히 소통하는 기능적 네트워크를 형성하고 있고, 전두엽, 특히 전전두피질과도 활발히 소통합니다. 비교적 최근의 연구 결과에 따르면 모델 기반 학습을 위한 핵심 정보가 기존에 모델 프리 학습에 관여한다고 알려진 중뇌 선조체의 신경 활성 패턴에도 영향을 끼친다는 증거들이 발견되고 있습니다.

알파고의 고민, 해마에게 묻다

이번 장에서 소개하고 있는 모델 프리 학습과 모델 기반 학습은 사실 알파고와 뇌가 나눈 이야기의 일부에 불과합니다. 알파고 이후의 강화학습들은 모델 기반 학습 외에도 뇌의 여러 가지 독특한 학습 방법을 닮아가기 시작합니다. 이번 노트와 다음 노트에서는 이와 관련된 몇 가지 시도를 요약해보겠습니다.

우선 알파고는 뇌가 기억하는 방식을 닮아가고 있습니다. 실제 세상과의 상호작용은 경험을 만들어냅니다. 여기서 발생한 사건의 순서를 기억하고 핵심을 요약해내는 기억 능력은 강화학습에서 중요한 부분을 차지합니다.

2018년 딥마인드와 영국 유니버시티 칼리지 런던 대학(UCL) 연구팀은 장단기 메모리 신경망 기반 강화학습(5장 참조) 알고리즘을 쥐의 미로 찾기 문제에 적용해 보았습니다. 연구팀은 이 신경망의 학습이 진행됨에 따라 특정 장소와 관계없이 주기적인 신경 활성 패턴을 보이는 해마의 문지기, 내후각피질Entorhinal cortex의 격자세포Grid cell를 닮아가고 있음을 발견합니다. 그리고 격자세포를 기반으로 한 심층 강화학습 알고리즘은, 어떠한 위치에 놓이더라도 목표 지점을 한번에 찾아갈 수 있고, 이러한 능력이 쉽게 일반화될 수 있음을 보여주었습니다. 공학에서는 미로 찾기와 같은 문제를 풀기 위해 오랫동안 SLAM(simultaneous localization and mapping)이라는 기술을 발전시켜왔는데, 우리 뇌의 해마는 이러한 섬세한 기술 없이도 더 어려운 문제를 풀 수 있는 마법의 레시피인 격자세포가 있다는 것입니다!

알파고가 닮아가는 뇌의 기억 방식은 격자세포에 그치지 않습니다. 격자세포만큼이나 중요한 역할을 하는 또 다른 플레이어가 있으니, 그것은 특정 위치나 상태에만 민감하게 반응하는 해마의 위치세포Place cell입니다.

1993년 피터 다이안이 모델 프리 강화학습 알고리즘을 바탕으로 제안한 연속표현 강화학습Successor Representation 알고리즘은 "현재 위치나 상황에서 계속해서 내 문제 해결 전략을 사용한다면 결국에는 어떤 결론이 날까?"라는 질문에 주목합니다. 연속표현 강화학습은 이 질문에 답할 수 있는 표현 방식을 학습함으로써 모델 프리 학습의 효율성을 높이는 알고리즘입니다. 이 아이디어는 약 20년 후 해마의 위치세포와 다시 한 번 조우합니다. 위치세포는 인지맵상에서 미래에 벌어질 사건들을 예측하는 듯한 신경 활성 패턴Predictive coding이나, 이전에 경험한 일들 중에서 목표와 연관된 사건들을 머릿속에서 빠르게 되뇌는 듯한 독특한 신경 활성 패턴Hippocampal replay을 보이는데, 연속표현 강화학습 알고리즘이 이 현상을 재현할 수 있다는 연구 결과들이 보고되고 있습니다.

이와 같이 뇌는 기억 속에서 미래를 내다보고 과거를 되뇌어보는 독특한 방식으로 벨만 방정식을 풀어가고 있습니다.

알파고의 고민, 도파민과 편도체에게 묻다

　알파고와 해마에 대한 이야기에 이어서, 이번 비밀노트는 알파고와 도파민, 그리고 편도체에 대한 짧은 이야기입니다.

　강화학습은 도파민 신경세포들이 가진 특징을 반영하고 있기도 합니다. 불확실성이 높은 환경에서는 하나의 목표를 설정해놓고 학습하기 어려운데, 분산 강화학습Distributional RL 알고리즘에서는 보상의 확률분포Reward distribution를 근사화하여 학습하는 방식으로 이 문제를 해결합니다.(C51, QR-DQN, IQN, FQF라는 특이한 이름의 알고리즘들이 이 혈통을 이어가고 있습니다.)

　더 나아가 딥마인드 연구팀에서는 분산 강화학습 방식이 중뇌의 도파민 신경세포들의 군집 활성 패턴을 재현할 수 있다는 것을 보입니다. 인간의 뇌는 복잡한 문제를 풀 때 하나의 미래만을 내다보지 않고, 가능한 여러 가지 시나리오들을 동시에 생각할 수 있음을 뜻합니다. 인공지능이 뇌로부터 배웠다기보다는, 인공지능 기술을 통해 인간 뇌의 놀라운 능력을 새삼 깨닫게 된 에피소드라고 할 수 있습니다.

　강화학습은 또한 뇌의 감정Emotion을 닮고 싶어 합니다. 감정은 얼핏 생각하면 문제 해결에 도움이 되지 않는 비이성적인 요소로 볼 수도 있지만, 나에게 피해를 줄 수 있는 중요한 사건들에 더욱 민감하게 반응한다는 점에서 오히려 학습에 도움이 될 수 있습니다. 대부분의 기존 강화학습들은 잘하면 격려해주는 보상 정보를 이용해 배워왔는데, 생존과 직결되는 위험한 상황에서 지식을 빠르게 흡수해야 하는 과제에서는 보상만으로 위험을 피하는 데 한계가 있습니다. 안전 강화학습Safety RL이라는 분야에서는 부정적인 결과가 주는 메시지에 주목합니다. 이러한 상황에서는 공포 기억을 담당하는 편도체가 큰 영향을 미칩니다. 옥스퍼드 대학의 한 뇌과학 연구팀에서는 고통 자극이 주어지는 상황에서 인간이 학습하는 원리를 강화학습 알고리즘으로 옮기는 연구를 진행하고 있습니다. 여기서 도출된 알고리즘은 위험 요소를 빠르게 인지해서 민감하게 반응함으로써 스스로의 생존 확률을 높일 수 있습니다.

알파고와 뇌의 해마, 도파민, 편도체의 이야기는 지금도 진행 중입니다. 인공지능과 뇌의 대화 속에서 앞으로 어떤 새로운 이야기가 펼쳐질지 기대됩니다.

전두엽이 세상을 푸는 방법

알파고의 고민에 대한 뇌의 해법

알파고를 위한 뇌의 상담 세션은 계속됩니다. 뇌가 대답합니다. "모델 프리와 모델 기반 학습은 둘 다 좋은 카드지만, 잘못 쓰면 오히려 아무것도 안 하느니만 못해. 난 상황에 따라 섞어 사용해."

모델 프리 학습과 모델 기반 학습 대한 우열을 가릴 수 없다는 뜻입니다. 이때는 어떤 상황에서 어떤 카드를 쓰는 게 더 좋을지 판단해야 합니다. 지금부터 몇 가지 측면에서 두 카드를 비교해봅시다.

우선 모델 기반 학습이 모델 프리 학습보다 나은 경우를 살펴보겠습니다. 앞서 톨만의 실험으로 대표되는 다양한 뇌과학 실험에서는 모델 기반 학습을 사용하는 개체가 그렇지 않은 개체보다 훨씬 빨리 학습할 수 있고, 상황이 변하는 경우에도 빠르게 적응한다는 결과를 보았습니다. 인공지능 분야에서도 마찬가지 결과들이 많습니다. 게임에서 전체 환경 구조나 상대방이 움직이는 원리를 바탕으로 하는 모델 기반 강화학습 알고리즘은 모델 프리 알고리즘에 비해 초기 학습 속도가 훨씬 빠릅니다. 새로운 목표가 주어졌을 때 문제 해결 전략을 수정하는 능력에서도 모델 기반 학습이 훨씬 낫습니다.

모델 프리 학습을 기반으로 하는 알파고의 경우, '게임에서 최대한 빨리 져라', '지지 않고 최대한 시간을 오래 끌어라', '특정한 아이템만 모아라' 등과 같은 새로운 목표를 설정하게 되면 처음부터 다시 배워야 하지만 목표와 무관하게 게임 환경 구조에 대한 사전 지식을 가지고 있는 모델 기반 학습 알고리즘의 경우, 새로운 목표에 맞게 계획만 수정하면 되므로 빠른 학습이 가능합니다. 상대방의 전략을 예측할 수 있는 모델 기반 학습 알고리즘은 게임 이론에서 유명한 '죄수의 딜레마'와 같이 어려운 상황에서도 자신에게 유리한 상황을 이끌어낼 수 있습니다. 최근 연구들에서는 내쉬 균형점이 존재하는 다개체 학습 문제Multi-agent learning도 잘 다룰 수 있다는 것을 보여주기도 합니다.

이번에는 반대로, 모델 프리 학습이 모델 기반 학습보다 나은 상황에 대해 생각해보겠습니다. 문제의 원리를 배우는 데 너무 집중한 나머지 모델이 과적합된 경우, 상황이 조금만 변하더라도 모델 기반 학습 자체가 실패할 수 있습니다. 바둑과 같은 전략 게임에서 모델 기반 학습 방식을 사용한다는 것은, 상대방이 현재 사용하고 있는 전략을 바탕으로 게임을 풀어간다는 것을 뜻합니다. 문제는 이 전략을 지나치게 믿은 나머지, 운 나쁘게 그 믿음이 틀릴 경우에는 자신도 모르는 사이에 최악의 결정을 할 수 있다는 것입니다. 이 경우에는 오히려 아무 생각 없이 게임하는 것이 나을지도 모릅니다. 공학 시스템 설계 관점에서는 특정 모델에 구속받지 않는 자유를 추구하기 위해 모델 프리 학습 전략을 선호하는 경우도 많습니다. 벨만 방정식의 관점에서, 모델 프리 학습은 모델 기반 학습에 비해 계산이 단순하기 때문에 빠르고, 메모리도 적게 들고, 전기도 적게 씁니다.

문제가 너무 복잡하거나 환경 불확실성이 높아 모델 기반 학습으로 문제에 내재된 원리를 배우는 것이 불가능할 때는 모델 기반 학습보다 단순한 전략이 효과적인 대안이 될 수 있습니다. 복잡한 문제일수록 단순하게 해결하라는 말은 인류의 오랜 지혜이기도 합니다. 모델 프리 학습이 모델 기반 학습보다 나은 상황들은 우리 주변에서도 쉽게 찾아볼 수 있습니다.

한편, 여러 명이 협력해야 하는 상황에서 똑똑한 모델 기반 학습 개체들만 있다면, 서로 다른 의견 때문에 오히려 학습의 효율이 떨어질 수 있고, 서로가 서로의 의도를 배우려다 일이 꼬여버리면 결국 아무도 서로를 이해하지 못하고 엇갈리는 상황이 생길 수도 있습니다. 사공이 많으면 배가 산으로 가는 상황과 비슷합니다. 그리고 상대방이 모델 기반 학습 개체일 경우 내 행동을 바탕으로 내 전략을 파악할 수 있으므로, 때로는 전략 없는 순수한 결과 지향적 행동이 내 전략을 의도적으로 숨기는 데 도움이 되는 경우*도 있습니다. 포커페이스 전략이 여기에 해당됩니다.

다음으로 제로섬게임 같은 특정할 수 없는 복잡한 경쟁-협력 상황을 생각해봅시다. 이때는 내가 모델 프리 학습과 같은 가벼운 학습 방식을 사용함으로써, 다른 모델 기반 학습을 사용하는 개체가 내 전략을 마음껏 이용하도록 양보할 수도 있습니다. 이러한 상황은 표면적으로는 이타적인 행동으로 볼 수 있지만, 그 이면에는 양보(모델 프리 학습)를 통해 상대방의 학습 동기(모델 기반 학습)를 자극해 상대방이 어려운 문제를 대신 풀도록 하여, 최소한의 노력으로 최대 이득을 얻고자 하는 의도가 깔려 있습니다. 이타적 행동 전략의 일종입니다.

지금까지 벨만 방정식을 풀어내는 두 장의 카드가 가진 장단점을 비교해보았습니다. 남은 문제는 이 카드들을 언제, 어떻게 쓸 것인가에 대한 것입니다. 알파고가 아직은 낯선 길을 잠시 망설이는 사이, 뇌 혼자 익숙한 듯 발걸음을 옮깁니다.

전두엽이 풀어내는 벨만 방정식

이번 장에서는 뇌가, 그중에서 특히 전두엽의 앞부분에 해당하는 전전두피질이 어떠한 방식으로 학습을 위한 전략 카드들을 섞어

• 반대로 순진해 보이도록, 순수한 결과 지향적 행동으로 착각하도록 만드는 전략을 세우는 것도 가능합니다. 고차원 추론 학습High-level thinking의 개념입니다.

서 실제 문제를 풀어내는지 살펴보겠습니다. 전전두피질은 여러분의 앞이마와 귀 근처 옆 이마 부위의 뇌 영역입니다.

인간의 뇌는 앞 장에서 소개한 것과 같은 두 카드의 장단점들을 정확히 구분하는 매뉴얼에 따라 행동하진 않습니다. 무엇이 뇌를 움직이게 만들까요? 인간의 뇌가 강화학습의 원리에 따라 문제를 해결한다는 뇌과학적 증거가 밝혀진 직후인 2005년, 영국 유니버시티 칼리지 런던 대학의 연구팀은 더욱 과감한 질문을 던집니다. 동물의 뇌가 결과를 예측할 때의 불확실성에 따라 모델 프리 학습과 모델 기반 학습 전략을 선택적으로 제어할 수 있다는 가설입니다. 이 논문이 발표된 이후 이 가설을 검증하기 위해 수많은 뇌과학 연구들이 이어졌고, 의사 결정 신경과학 분야의 중요한 이정표가 되었습니다.

이 이론은 우리가 처음 문제를 접할 때는 정확한 결과 예측이 어려워 불확실성이 높다는 것에 주목합니다. 이때는 문제의 원리를 바탕으로 빠르게 불확실성을 해결할 수 있는 모델 기반 학습을 선호하고, 이후 문제 풀이에 점차 익숙해짐에 따라 결과에 대한 자신 감이 높은 모델 프리 학습을 선호하게 된다는 것이 가설의 핵심입니다. 이 가설은 이후 인간의 뇌 연구를 통해 사실임이 증명되었습니다. 가설이 제안된 시점으로부터 약 10년 뒤, 인간 전두엽의 한 부위인 측전전두피질과 전두극피질frontopolar cortex에서 이러한 불확실성 정보를 처리하고 있고, 이를 바탕으로 두 전략을 계속해서 조합하는 방식으로 학습 과정을 제어하고 있다는 것이 밝혀집니다.

이와 같이 뇌가 상황에 맞춰 다양한 전략 카드를 섞어가며 실제 문제를 풀어가려면, 최소한 두 단계의 학습 과정이 필요합니다. 첫 번째 단계는 모델 프리, 모델 기반 학습과 같은 개별 전략을 '배우는' 문제입니다. 이어지는 두 번째 단계는 첫 번째 단계에서 학습된 개별 전략 카드를 상황에 맞게 적절히 사용하는 것을 '배우는' 문제입니다.

이러한 2단계 학습 과정, 학습의 학습, 이를 메타학습Meta learning 이라고 합니다. 딥마인드에서는 모델 프리 학습에 주도적으로 관여하는 선조체와 전전두피질로 이루어진 뇌 네트워크에 대한 기존 연구 결과들을 바탕으로 메타 강화학습 알고리즘을 제안합니다. 메타 강화학습 알고리즘은 장단기 메모리 신경망과 강화학습 알고리즘이 결합된 구조로 동물과 인간의 다양한 학습 과정에서의 행동 패턴을 재현합니다.

알고리즘의 구조를 자세히 살펴보면, 모델 기반 학습으로 벨만 방정식을 푸는 데 필요한 최소한의 정보를 입력받고 있습니다. 이러한 정보들을 바탕으로 문제 해결을 위한 정책(가치값과 행동)을 결정하게 되는데, 이때 모델 프리 학습의 핵심인 보상 예측 에러를 바탕으로 학습이 이루어집니다. 결과적으로 메타 강화학습은 모델 프리 학습과 모델 기반 강화학습이라는 카드를 섞는 방식을 스스로 학습하는 알고리즘으로 볼 수 있습니다. 불확실성 정보를 바탕으로 두 전략 카드를 섞는 뇌를 정확하게 구현한 버전이라기보다는, 뇌가 학습하는 원리를 바탕으로 인공지능 알고리즘을 디자인할 수 있다는 가능성을 보여주는 연구라고 할 수 있습니다.

기존 강화학습의 한 분야인 역강화학습에서는 임의의 인공지능 알고리즘이 인간의 행동을 직접 모방함으로써 인간의 학습 목표 Reward function를 역추적해나가는데, 이러한 상향식 디자인 방식으로는 인간이 학습하는 근본적 원리를 알아내는 데 한계가 있습니다. 이와는 반대로 딥마인드의 메타 강화학습 알고리즘은 인간의 뇌가 학습하는 근본적 원리에서부터 출발하여 인공지능 알고리즘을 구현하는 일종의 하향식 디자인 방식으로, 인공지능이 인간의 행동을 모방할 수 있는 새로운 방향을 제시한 재미있는 시도라 볼 수 있습니다.

정리하자면, 인간의 뇌는 계속해서 변화하는 외부 세계의 상황을 '예측의 불확실성'이라는 렌즈로 읽어내고, 상황에 맞는 다양한 학습 전략 카드를 활용하여 벨만 방정식을 풀어냅니다.

미래를 내다보고 과거를 바꾸는 뇌의 방식

앞의 다양한 이야기들을 보면 뇌의 전략 운용 방식이 꽤 복잡한 것 같아 보이지만, '뇌는 벨만 방정식을 풀고 있다.'라는 한 문장으로 요약할 수 있습니다. 그렇다면 뇌가 풀어내는 벨만 방정식은 알파고가 풀어내는 벨만 방정식과 무엇이 다를까요?

한마디로 문제를 보는 스케일이 다릅니다. 알파고가 실제 경험을 바탕으로 '행동을 선택'해 문제를 풀고 있다면, 뇌는 상황에 대한 이해를 바탕으로 '전략을 선택'해 문제를 풀어나갑니다. 뇌는 벨만 방정식으로부터 여유 있게 한 발 떨어져 있음으로 인해, '사건Event' 중심에서 '상황Context' 중심으로, 그리고 '문제Task' 중심으로 생각할 수 있게 됩니다. 뇌는 큰 그림을 볼 줄 압니다.

뇌는 이처럼 미래를 예측하고 과거의 행동을 개선할 수 있도록 해주는 벨만 방정식을 개별 사건들이 아닌 다양한 상황들과 다양한 문제들을 푸는 데 사용합니다. 이렇게 되면 어떤 일이 벌어질까요?

모델 프리, 모델 기반 등 특정한 한 가지 학습 방법이라는 프레임에서 벗어난 전두엽의 메타학습 방식을 이용하면 다음과 같은 일이 일어납니다. 이제는 앞으로 일어날 '사건'이 아닌 앞으로 일어날 '상황'을 예측할 수 있게 됩니다. 그리고 이를 바탕으로 과거의 상황 대처 방식을 개선해나갈 수 있습니다. 결과적으로 변화하는 상황에 빠르게 적응하는 능력이 생기며, 앞으로 일어날 '사건'이 아닌 앞으로 풀어야 할 '문제' 자체를 예측할 수 있게 됩니다. 그리고 이를 바탕으로 과거의 문제 해결 전략을 개선해나가는 것입니다. 결과적으로 다양한 문제를 두루 잘 풀어낼 수 있는 능력이 생깁니다. 더 나아가 문제 해결 능력, 문제 해결에 걸리는 시간, 문제 해결에 소모되는 인지적, 물리적 에너지 등이 서로 상충하는 복잡한 상황에서도 최적의 전략을 찾아낼 수 있습니다. 물론 언제 현재 문제에 집중Exploitation해야 하며 언제 새로운 시도Exploration를 해야 할지를 스스로 판단할 수도 있습니다.

이렇게 큰 그림을 보는 개체들이 한 자리에 모여 경쟁과 협력을 시작하면, 눈앞에 보이는 단기적인 결과에 집착하지 않고 서로가 서로에게 도움을 주는 선순환이 생길 수 있습니다. 그 결과 주어진 문제의 프레임에서 벗어나 새로운 목표나 문제를 정의할 수도 있습니다. 이 개념을 자동 커리큘럼Autocurricular이라고 합니다. 오픈AI 연구팀에서는 여러 개의 강화학습 알고리즘들을 모아 자유도가 높은 숨바꼭질 게임을 학습하도록 했는데, 학습이 진행됨에 따라 우리가 예상하지 못했던 새로운 목표가 설정되고 새로운 협동 기술이 만들어진다는 것을 보았습니다. 걸음마를 뗀 인공지능이 우리가 정해준 문제만을 해결하는 것을 넘어 우리가 미처 생각하지 못했던 더 나은 해결책을 제시하고, 스스로 재미있는 문제를 찾아내는 등 인류의 지적 행복을 채워줄 날을 기대해봅니다.

뇌는 미래의 결과를 예측하고, 상황을 파악하고, 상황에 맞는 유동적인 문제 해결 전략을 세워 빠르게 벨만 방정식을 풀어냅니다. 여기서 벨만 방정식을 푼다는 것은 과거의 실수를 되풀이하지 않도록 문제 해결 전략을 수정한다는 것을 의미합니다. 그리고 뇌는 메타학습을 이용해 큰 그림을 봅니다. 뇌의 메타학습 과정의 기본 단위는 개별 사건이 아닌 상황이나 문제 자체가 됩니다.

이 장의 제목인 '미래를 내다보며 과거를 바꾼다'는 말은, 사실 상식으로는 말도 안 되는 일입니다. 그러나 벨만 방정식을 쫓는 알파고와 뇌의 짧은 에피소드가 끝난 지금 이 순간만큼은, 이 말에 조금이나마 공감하셨기를 바랍니다.

벨만 방정식 너머의 전두엽, 전전두피질

전두엽, 그중에서 전전두피질은 모델 기반 학습과 모델 프리 학습 능력 외에도 다양한 전략적 의사 결정 과정에 관여합니다. 가장 대표적인 것은 추론입니다. 여기서의 추론은 내 경험을 바탕으로 아직 경험하지 못한 것들을 이해하는 과정을 뜻합니다. 어떤 요소들의 인과관계, 과거의 사건과 미래의 결과 등이 포함됩니다. 이러한 능력은 모델 기반 학습에서 환경에 내재된 원리를 이해하는 데 필수적인 능력입니다.

전전두피질은 어떤 추론 능력들을 가지고 있을까요? 측전전두피질을 포함한 전전두피질의 넓은 영역에 걸쳐 다양한 추론 전략을 선택적으로 제어한다는 연구 결과가 대표적인 예입니다. 전전두피질은 다양한 추론 전략 카드들을 상황에 맞춰 적절히 사용하는 능력도 가지고 있습니다. 연구에 따르면 인간의 측전전두피질 부위는 점진적 추론 전략(첫 번째 전략 카드)과 단 한 번의 경험으로부터 결론을 내는 고속 추론 전략(두 번째 전략 카드)을 선택적으로 제어해서 문제에 대한 불확실성을 빠르게 해소할 수 있습니다. 재미있는 사실은 추론 전략을 제어하는 뇌 부위와, 본문에서 설명하고 있는 학습 전략을 제어하는 뇌 부위가 거의 일치한다는 점입니다. 이러한 결과들을 종합해보면, 전전두피질은 다양한 종류의 전략 카드들을 한 손에 쥐고 있는 컨트롤 타워가 아닐까 하는 생각도 듭니다.

전전두피질의 역할은 여기서 끝나지 않습니다. 이따금씩 우리가 선택하지 않은 길에는 어떤 미래가 있을까 생각하는 것처럼, 내가 선택하지 않은 행동들에 대해 반사실적 선택Counterfactual choice 과정에도 관여하고, 심지어는 현재 상황에 대해 스스로 얼마나 잘 이해하고 있는지에 대한 불확실성을 스스로 인지할 수 있는 메타인지 과정에도 관여하는 등, 알파고가 부러워할 정도로 가공할 만한 전략 운용 능력을 가지고 있습니다.

인공지능 분야에서도 전전두피질이 가진 다양하고 독특한 능력에 주목하고 있습니다. 다양한 고속 학습, 복잡한 추론, 반사실적 학습, 메타학습을 위한 계층적 강화학습 알고리즘들이 개발되면서, 인간만이 가지고 있는 고위 수준의 학습과 추론 능력들을 조금씩 따라잡고 있습니다.

에필로그

인공지능과 뇌, 생각의 미래는 무한하다

인공지능과 뇌의 짧은 동행

이로써 인공지능과 뇌의 여정이 마무리되었습니다. 이 책의 이야기는 인공지능이 인간처럼, 뇌처럼 생각할 것이라는 작은 오해에서 시작되었습니다. 언뜻 보기에는 비슷한 점이 많지만 99% 속이 다른 인공지능과 뇌, 그 다름을 이해하기 위해 일곱 가지 질문을 중심으로 인공지능과 뇌의 생각 기술을 살펴보았습니다.

무한한 세상에서 유한한 개념을 만들어내는 첫걸음을 내딛게 된 인공 신경망은, 현재의 성공을 미래의 성공으로 이어나갈 방법을 고민하고, 세상의 다채로움에 민감하면서도 사소한 변화에는 둔감할 수 있는 비법을 찾아내면서 급속한 성장기를 맞이합니다. 이어 이해한 세상을 스스로 표현해내기 시작하고, 세상의 변화에 유동적인 기억력을 키워나갑니다. 세상을 이해하고, 표현하고, 기억하는 데 자신감이 생긴 인공 신경망은 과거 뇌만의 고유 영역이었던 시간과 공간에 대해 생각하기 시작합니다. 점차 뇌를 닮아가는 인공 신경망은 이제 경험을 통해 문제를 스스로 해결하는 방법을 깨닫고, 서서히 홀로서기를 준비합니다. 성장 과정에서 점차 뇌와 소통하는 방법을 찾아가는 인공 신경망의 여정의 끝에서는 인공지능과 뇌의 구분이 무의미해집니다. 인공지능과 우리의 뇌의 다름이 조금은 덜 불편해진 이 시점에서 인공지능과 인간의 어제, 오늘 그리고 내일을 이야기해보겠습니다.

어제의 이야기: 인간과 달랐던 인공지능

사실 인공지능과 인간지능을 비교하는 역사는 짧지 않습니다. 인공지능에 대한 생각들이 조금씩 고개를 들기 시작한 1980년대 후반, 미국 카네기 멜론 대학 로봇공학자 한스 모라벡Hans Moravec, 미국 매사추세츠 공과대학 교수 로드니 브룩스Rodney Brooks, 미국 매사추세츠 공과대학의 인공지능 연구소 공동 설립자로 유명한 마빈 민스키는 범용성을 가진 컴퓨터가 가진 잠재력과 인간의 능력을 비교하기 시작했습니다. 모라벡은 "오목이나 체스와 같은 비교적 단순한 게임이나 지능 테스트에 있어서는 인간 수준의 컴퓨터 프로그램을 만들 수 있지만, 인지, 운동, 추론과 같은 문제들에 있어서는 한 살 아이 수준의 컴퓨터 프로그램을 구현하는 것이 거의 불가능하다."라고 주장합니다. 이것이 유명한 모라벡의 역설입니다.

모라벡의 주장의 핵심은 다음과 같습니다. 기계가 쉽게 풀 수 있는 문제들은 일반적인 규칙으로 설명할 수 있는 경우가 많습니다. 반면, 기계가 다루기는 어렵지만 우리가 쉽게 풀 수 있는 문제들은 대부분 고위 수준의 학습 능력을 필요로 합니다. 이 능력은 태어나자마자 갑자기 배울 수 있는 것이 아니고 사실 아주 오랜 기간(최소 수십만 년 이상) 동안 일어나는 진화 과정으로부터 도출된 해법이라는 것입니다. 인간의 운동 및 감각기관의 정보 처리 과정, 예측에 적합한 신경망 형태, 여러 가지 종류의 작업에 관여하는 전두엽 등, 이 책에서 소개한 뇌의 다양한 능력들을 이러한 주장을 뒷받침하는 증거로 볼 수 있습니다.

최근 인공지능 기술의 급속한 발전에 따라, 인간이 쉽게 풀었지만 기존의 컴퓨터로 구현하기 어려웠던 문제들도 하나둘씩 풀리기 시작했습니다. 모라벡의 역설 이후 30여 년이 지난 지금, 인공지능은 모라벡이 그어놓은 인공지능의 한계선을 조금씩 넘어서고 있는 것으로 보입니다. 바야흐로 모라벡의 역설 이후의 세상이 오고 있습니다.

오늘의 이야기: 인간을 닮아가는 인공지능

모라벡의 역설 이후 세상의 인공지능은, 우리 대신 일을 하고 우리 대신 어려운 문제를 풀어줄 수 있을지도 모릅니다. 인간을 대신

하는 인공지능입니다.

인간을 대신하는 인공지능도 좋지만, 여기에 인간과 함께하는 인공지능도 있다면 더욱 좋지 않을까요? 우리와 다른 관점에서 문제를 해석하고 우리와 다른 방식으로 문제를 푸는 현재의 인공지능은, 사실 함께 일하기 편한 동료라고 보긴 어렵습니다. 설사 인공지능이 우리와 똑같은 행동을 하고 있다고 할지라도, 이러한 행동이 우리와 같은 생각에서 비롯된 것이라는 보장도 없습니다. 동상이몽의 상황에서는 서로의 의견이 충돌하는 순간이 오기 마련입니다.

이러한 문제를 해결하기 위해 연구자들은 인간의 문제 해결 과정을 보고 배우는 인공지능을 개발하고자 노력해왔습니다. 역강화 학습이 대표적인 예입니다. 이러한 기술을 활용하는 인공지능은 인간의 행동을 따라할 수 있을 뿐만 아니라, 행동에 내재된 진짜 의도도 추정할 수 있습니다. 이런 멋진 기술들을 보고 있자니 인간을 스승으로 삼은 인공지능이 당장이라도 나타날 것 같습니다.

그러나 역시 세상에 공짜는 없습니다. 보고 배우는 인공지능의 방식은 경험 주도적Data-driven, 상향식 학습 전략이라 볼 수 있는데, 이 과정에서 몇 가지 문제점이 생깁니다.

첫 번째 문제점은 구조의 병목 현상입니다. 인공지능에서 발현되는 기능Function의 종류와 범위는 구조Structure에 따라 종속되기 마련입니다. 앞서 이야기했던 통계적 기계학습 분야에서는 인공지능의 구조적 복잡도와 학습 상황을 바탕으로 인공지능이 가진 잠재적 문제 해결 능력을 추정하기 위한 다양한 이론을 개발해왔습니다.

여기서 문제는 아직 우리는 우리 자신의 사고 체계, 즉 생각의 구조에 대해서 아는 것이 많지 않기 때문에, 인공지능에게 '인간을 닮아가기 위한 좋은 구조는 바로 이것이다.'라고 알려줄 수 없다는 것입니다. 그래서 현재 인공지능은 몇 가지 후보군을 놓고, 어떤 구조가 인간과 비슷하게 행동하는지 끊임없이 탐색하는 수밖에 없습니다.

두 번째 문제점은 과적합입니다. 무엇이 인간과 닮은 인공지능 구조인지 모르는 상황에서 과도하게 복잡한 구조를 학습시키게 되면, 인공지능은 당장은 인간을 흉내낼 수 있을지언정 결국에는 다른 행동을 하게 됩니다.(2장 참조) 최근 연구자들은 이 사태의 심각성을 깨닫고 해결책을 고민하기 시작했습니다.

과적합 문제를 해결하는 방법 중 하나는 많은 데이터를 모으는 것입니다. 그러나 이러한 데이터는 인간이 직접 만들어줘야 합니다. 영상 인식과 같은 역사가 깊은 분야에서는 대용량의 데이터가 축적되어가고 있지만, 중장기적인 전략적 문제 해결을 대상으로 하는 강화학습과 같은 분야에서는 데이터가 절대적으로 부족합니다. 메타학습이나 자기지도 학습 분야에서는 적은 양의 경험을 바탕으로 과적합 없이 배울 수 있는 연구들이 진행되고 있으니 이런 문제들은 차츰 해결될 것으로 보입니다.

인공지능은 인간을 서서히 닮아가기 시작하지만, 인간을 이해하려면 아직 갈 길이 멉니다.

내일을 상상하다: 인간을 이해하는 인공지능

그렇다면 어떻게 해야 인간을 진정 닮은, 인간을 제대로 이해하는 인공지능을 만들 수 있을까요? 먼저 구조의 병목 현상이나 과적합과 같은 기술적 문제점들을 근본적으로 해결하려면, 결국 우리가 알고 있는 뇌의 구조와 기능에 대한 지식을 바탕으로 인공지능을 설계하기 위한 노력이 필요합니다.(6, 7장 참조) 우리 자신을 알면, 우리를 이해해줄 수 있는 인공지능을 만들 수 있지만, 이를 위해서는 먼저 우리 자신에 대해 알아야 합니다. 닭이 있어야 달걀이 생기고, 달걀이 있어야 닭으로 자라난다는 이야기가 생각납니다.

그렇다면 어떻게 해야 우리 뇌의 구조와 기능을 알 수 있을까요? 지금 이 순간에도 다양한 뇌과학 연구를 통해 생물학적 신경망이 가진 독특한 구조와 기능들이 밝혀지고 있습니다. 그런데 어떤 것들은 너무나 복잡해서 몇 개의 수식만으로는 요약하기 어려운 경우도 있고, 또 수식으로 표현하더라도 어떤 일을 하고 있는지, 도대체 왜 이런 행동을 하는 것인지 이해하기 어렵습니다. 바야흐로 우리가 가진 물리적 직관, 삼차원적 상상력으로 정리할 수 있는 범위를 넘어서고 있습니다.

그렇다면 어떻게 해야 우리의 인지능력을 넘어서는 뇌의 복잡한 기능들을 이해할 수 있을까요? 인간 사고 체계의 틀 안에서 인간 스스로의 사고 체계를 이해한다는 것은 사실 모순적인 상황으로, 완전한 이해에 도달할 수 없는 불가능한 시도일지도 모릅니다. 그래서 우리는 인간이 이해할 수 있는 기존 인공지능을 우리의 생각을 정리할 수 있는 도구로 사용하여, 인간의 지능을 이해하려 합니다. 이때 사용되는 인공지능은 굳이 인간을 닮을 필요가 없습니다. 문제만 잘 해결하면 충분합니다. 실제로 최근에는 인공지능 기술을 이용해서 우리 뇌의 구조와 기능의 수수께끼들을 풀어내는 다양한 연구 결과들이 발표되고 있습니다.

정리하자면, '기존 인공지능의 도움을 받아 인간을 깊이 이해'할 수 있게 되면, 궁극적으로 '인간을 이해하는 새로운 인공지능'을 만들 수 있다는 논리입니다. 이것이 뇌 기반 인공지능Brain-inspired AI이라는 분야의 출발점입니다.

'인간을 이해하는 인공지능'을 만들고 나면, 이를 컴퓨터 안에 가두고 마음껏 실험할 수 있습니다. 인공지능의 틀 안에서 인간의 지능에 대한 기존 가설들을 재확인하고, 새로운 가설을 세울 수도 있습니다. 아직 우리가 경험해보지 못했거나 직접 경험하기 힘든 문제 상황에서 어떻게 행동할지 예측해볼 수도 있습니다. 인간지능의 조각들을 인공지능의 틀 안에서 보면 인간지능을 좀 더 깊이 이해할 수 있습니다.

다시 한 번 정리해보겠습니다. 인간을 이해하는 인공지능을 이용해서 '인간의 지능을 객관적으로 보는 것', 이것이 뇌기반 인공지능이라는 분야의 종착역입니다.

인공지능의 기술적 특이점은 올 것인가

인간의 문제를 대신 풀어주는 인공지능, 그리고 인간을 이해하는 인공지능, 어떤 형태든지 인공지능 기술은 무서운 속도로 발전하고 있습니다. 다음 세대의 인공지능은 아마도 인간지능과 인공지능의 차이를 극복하고, 과거-현재-미래가 만들어내는 시간의 경계를 극복하고, 지능의 무한한 잠재력이 가진 스케일의 경계를 극복해나갈 것입니다.

그렇다면 이러한 인공지능이 인간의 지능을 앞서는 기술적 특이점Technological singularity이 올 것인가? 하는 질문에 대해서는 다양한 의견들이 있습니다. 인공지능과 인간지능에 대한 일곱 장을 정주행하셨다면, 적어도 두 가지 예상은 해볼 수 있습니다. 인공지능의 깊이에 놀란 분들은 특이점이 가깝다고 생각할 것이고, 인공지능은 우리와는 너무 다른데? 하고 생각하는 분들은 특이점이 멀다고 생각할 것입니다.

기술적 특이점이 올 것인지, 온다면 언제쯤이 될 것인지를 예측하고, 특이점을 막기 위해 인공지능의 발전 방향을 정하는 것과 같은 선제적 대응이 중요하지만 한편으로 좀 더 능동적인 대응도 생각해볼 수 있습니다. 인공지능과 인간지능의 유사점과 차이점을 이해한다면, 인간지능을 인공지능 관점에서 객관적으로 바라볼 수 있다면, 우리는 기술적 특이점이 오지 않도록 '선택'할 수도 있지 않을까요?

기술적 특이점이 선택의 문제가 되는 세상에서 인간의 본질을 연구하는 철학, 인간의 비밀을 푸는 뇌과학, 그리고 인간의 문제를 해결하는 공학은 결코 다르지 않고, 함께 나눌 재미있는 이야깃거리는 끝이 없습니다.

참고문헌

1장

Gidon, et al., "Dendritic action potentials and computation in human layer 2/3 cortical neurons", *Science*, 2020.

2장

Frankle, et al., "Linear Mode Connectivity and the Lottery Ticket Hypothesis", ICML, 2020.

Frankle, et al., "The lottery ticket hypothesis: Finding sparse, trainable neural networks", ICML, 2019.

Gaier, et al., "Weight Agnostic Neural Networks", NeurIPS, 2019.

Goodfellow, Bengio and Courville, "7 Regularization for Deep Learning", *Deep learning*, MIT Press, 2016.

Quiroga, et al., "Invariant visual representation by single neurons in the human brain", *Nature*, 2005.

Tanaka, et al., "Pruning neural networks without any data by iteratively conserving synaptic flow", NeurIPS, 2020.

Tang S, et al., "Large-scale two-photon imaging revealed supersparse population codes in V1 superficial layer of awake monkeys", eLife, 2018.

3장

Felleman, et al., "Distributed hierarchical processing in the primate cerebral cortex", *Cereb Cortex*, 1991.

Honey, et al., "Slow cortical dynamics and the accumulation of information over long timescales", *Neuron*, 2012.

http://www.webexhibits.org/colorart/ag.html

J. Yang and MH. Yang, "Top-Down Visual Saliency via Joint CRF and Dictionary Learning", *IEEE Transactions on Pattern Analysis and Machine Intelligence*, 39(3), 2017.

Kaas, et al., "The reorganization of somatosensory cortex following peripheral nerve damage in adult and developing mammals", *Annual Review of Neuroscience*, 1983.

Kell, et al., "A task-optimized neural network replicates human auditory behavior, predicts brain responses, and reveals a cortical processing hierarchy", *Neuron*, 2018.

Lerner, et al., "Topographic Mapping of a Hierarchy of Temporal Receptive Windows Using a Narrated Story", *Journal of Neuroscience*, 2011.

Li, et al., "Rapid natural scene categorization in the near absence of attention", *PNAS*, 2002.

McDermott, et al., "Summary statistics in auditory perception", *Nature Neuroscience*, 2013.

McMains, et al., "Interactions of Top-Down and Bottom-Up Mechanisms in Human Visual Cortex", *Journal of Neuroscience*, 2011.

Patel, et al., "Topographic organization in the brain: Searching for general principles", *Trends in Cognitive Sciences*, 18(7), 2014.

Peelen, et al., "Neural mechanisms of rapid natural scene categorization in human visual cortex", *Nature*, 2009.

Rigotti, et al., "The importance of mixed selectivity in complex cognitive tasks", *Nature*, 2013.

Tang, et al., "Effective learning is accompanied by high-dimensional and efficient representations of neural activity", *Nature Neuroscience*, 2019.

Yamins, et al., "Using goal-driven deep learning models to understand sensory cortex", *Nature Neuroscience*, 2016.

Zhang, et al., "Object decoding with attention in inferior temporal cortex", *PNAS*, 2011.

4장

Dapello, et al., "Simulating a Primary Visual Cortex at the Front of CNNs Improves Robustness to Image Perturbations", NeurIPS, 2020.

Dash, et al., "TAC-GAN-Text Conditioned Auxiliary Classifier Generative Adversarial Network", arXiv, 2017.

Hinton and Salakhutdinov, "Reducing the Dimensionality of Data with Neural Networks", *Science*, 2006.

https://medium.com/@smkirthishankar; Open AI.

J. Shawe-Taylor and N. Cristianini, *Kernel Methods for Pattern Analysis*, Cambridge University Press, 2004.

Radford, et al., "Unsupervised Representation Learning with Deep Convolutional Generative Adversarial Networks", ICLR, 2016.

Martin Arjovsky, et al., "Wasserstein Generative Adversarial Networks", PMLR, 2017.

Salakhutdinov and Hinton, "A Better Way to Pretrain Deep Boltzmann Machines", NIPS, 2012.

Zhang, et al., "Age Progression/Regression by Conditional Adversarial Autoencoder", CVPR, 2017.

Zhu, et al., "Unpaired Image-to-Image Translation using Cycle-Consistent Adversarial Networks", ICCV, 2017.

5장

Brown, et al., "Language Models are Few-Shot Learners", NeurIPS, 2020.

Devlin, et al., "BERT: Pre-training of Deep Bidirectional Transformers for Language Understanding", arXiv, 2018.

Radford, et al., "Improving Language Understanding by Generative Pre-Training", preprint, 2018.

Radford, et al., "Language Models are Unsupervised Multitask Learners", preprint, 2019.

Sepp Hochreiter and Jurgen Schmidhuber, "Long short-term memory", *Neural Computation*, 9(8), 1997.

Vaswani, et al., "Attention Is All You Need", NIPS, 2017.

6장

Akrout, et al., "Deep Learning without Weight Transport", NeurIPS, 2019.

Beniaguev, et al., "Single cortical neurons as deep artificial neural networks", *Neuron*, 2021.

Bi, et al., "Synaptic Modification by Correlated Activity: Hebb's Postulate Revisited", *Annual Review of Neuroscience*, 2001.

Bin He, *Neural Engineering*, 2nd edition, Springer, 2013

Bird, et al., "Dendritic normalisation improves learning in sparsely connected artificial neural networks", PLOS Computational Biology, 2021.

Bittner, et al., "Behavioral time scale synaptic plasticity underlies CA1 place fields", *Science*, 2017.

Bittner, et al., "Conjunctive input processing drives feature selectivity in hippocampal CA1 neurons", *Nature Neuroscience*, 2015.

Chklovskii, et al., "Synaptic connectivity and neuronal morphology: Two sides of the same coin", *Neuron*, 43(5), 2004.

Gidon, et al., "Dendritic action potentials and computation in human layer 2/3 cortical neurons", *Science*, 2020.

Goriounova, et al., "Large and fast human pyramidal neurons associate with intelligence", eLife, 2018.

Guerguiev, et al., "Towards deep learning with segregated dendrites", eLife, 2017.

Letellier, et al., "Differential role of pre-and postsynaptic neurons in the active-dependent control of synaptic strengths across dendrites", PLOS Biology, 2019.

Lillicrap, et al., "Random synaptic feedback weights support error backpropagation for deep learning", *Nature Communications*, 2016.

Mainen and Sejnowski, "Influence of dendritic structure on firing pattern in model neocortical neurons", *Nature*, 1996.

Mark F. Bear, Barry W. Connors and Michael A. Paradiso, *Neuroscience: Exploring the Brain*, Jones & Bartlett Publishers, 2020.

Poggio, et al., "Complexity control by gradient descent in deep networks", *Nature Communications* , 2020.

RC O'Reilly, "Biologically plausible error-driven learning using local activation differences: The generalized recirculation algorithm", *Neural Computation*, 1996.

Richards and Lillicrap, "Dendritic solutions to the credit assignment problem", *Current Opinion in Neurobiology*, 54, 2019.

Sacramento, et al., "Dendritic cortical microcircuits approximate the backpropagation algorithm", NeurIPS, 2018.

W. Rall, et al., "Theory of physiological properties of dendrites", *Annals of the New York Academy of Sciences*, 96, 1962.

Whittington, et al., "An Approximation of the Error Backpropagation Algorithm in a Predictive Coding Network with Local Hebbian Synaptic Plasticity", *Neural Computation*, 2017.

7장

Baker, et al., "Emergent Tool Use From Multi-Agent Autocurricula", ICLR, 2020.

Banino, et al., "Vector-based navigation using grid-like representations in artificial agents", *Nature*, 2018.

Barraclough, et al., "Prefrontal cortex and decision making in a mixedstrategy game", *Nature Neuroscience*, 2004.

Boorman, Behrens and Rushworth, "Counterfactual choice and learning in a neural network centered on human lateral frontopolar cortex", PLOS Biology, 2011.

Boorman, Behrens, Woolrich and Rushworth, "How green is the grass on the other side? Frontopolar cortex and the evidence in favor of alternative courses of action", *Neuron*, 2009.

BW Balleine, et al., "Goal-directed instrumental action: contingency and incentive learning and their cortical substrates", *Neuropharmacology*, 1998.

Coutureau, et al., "Inactivation of the infralimbic prefrontal cortex reinstates goal-directed responding in overtrained rats", *Behavioural Brain Research*, 2003.

Dabney, et al., "A distributional code for value in dopamine-based reinforcement learning", *Nature*, 2020.

De Martino and Fleming, "Confidence in value-based choice", *Nature Neuroscience*, 2013.

EC Tolman, "Cognitive Maps in Rats and Men", *Psychological Review*, 55(4), 1948.

Gläscher, et al., "States versus Rewards: Dissociable Neural Prediction Error Signals Underlying Model-Based and Model-Free Reinforcement Learning", *Neuron*, 2010.

H Seo, et al., "Neural correlates of strategic reasoning during competitive games", *Science*, 2014.

Hare, et al., "Self-control in decision making involves modulation of the vmPFC valuation system", *Science*, 2009.

JH Lee, et al., "Toward high-performance, memory-efficient, and fast reinforcement learning — Lessons from decision neuroscience", *Science Robotics*, 2019.

Leibo, et al., "Autocurricula and the Emergence of Innovation from Social Interaction: A Manifesto for Multi-Agent Intelligence Research", arXiv, 2019.

Lengyel, et al., "Hippocampal Contributions to Control: The Third Way", NIPS, 2007.

M Donoso, et al., "Foundations of human reasoning in the prefrontal cortex", *Science*, 2014.

Mattar, et al., "Prioritized memory access explains planning and hippocampal replay", *Nature Neuroscience*, 2018.

Momennejad, et al., "The successor representation in human reinforcement learning", *Nature Human Behaviour*, 2017.

Nathaniel Daw, Yael Niv and Peter Dayan, "Uncertainty-based competition between prefrontal and dorsolateral striatal systems for behavioral control", *Nature*

Neuroscience, 2005.

O'Doherty, et al., "Dissociable roles of ventral and dorsal striatum in instrumental conditioning", *Science*, 2004.

Richard S. Sutton, "Integrated architectures for learning, planning, and reacting based on approximating dynamic programming", *Machine Learning Proceedings*, 1990.

Rushworth, et al., "Frontal cortex and reward-guided learning and decision-making", *Neuron*, 2011.

Schultz, et al., "A Neural Substrate of Prediction and Reward", *Science*, 1997.

Stachenfeld, et al., "The hippocampus as a predictive map", *Nature Neuroscience*, 2017.

SW Lee, et al., "Neural computations mediating one-shot learning in the human brain", PLOS Biology, 2015.

SW Lee, et al., "Neural computations underlying arbitration between modelbased and modelfree learning", *Neuron*, 2014.

Tricomi, et al., "A specific role for posterior dorsolateral striatum in human habit learning", *European Journal of Neuroscience*, 29(11), 2009.

Wang, et al., "Prefrontal cortex as a meta-reinforcement learning system", *Nature Neuroscience*, 2018.

Wunderlich, et al., "Mapping value based planning and extensively trained choice in the human brain", *Nature Neuroscience*, 2012.

에필로그

Broomell, et al., "Parameter recovery for decision modeling using choice data", *Decision*, 1(4), 2014.

Evans, et al., "A method, framework, and tutorial for efficiently simulating models of decision-making", *Behavior Research Methods*, 51, 2019.

Hans Moravec, *Mind children: The future of robot and human intelligence*, Harvard University Press, 1988.

Li, et al., "Accurate data-driven prediction does not mean high reproducibility", *Nature Machine Intelligence*, 2020.

인공지능과 뇌는 어떻게 생각하는가

1판 1쇄 발행   2022년 9월 15일
1판 6쇄 발행   2024년 5월 10일

지은이   이상완
펴낸이   임양묵
펴낸곳   솔출판사

편집   윤정빈 임윤영
경영관리   박현주

주소   서울시 마포구 와우산로29가길 80^(서교동)
전화   02-332-1526
팩스   02-332-1529
블로그   blog.naver.com/sol_book
이메일   solbook@solbook.co.kr
출판등록   1990년 9월 15일 제10-420호

ISBN   979-11-6020-175-8 (03500)